Die belgischen Vizinalbahnen

Von

C. de Burlet,
Generaldirektor
der Société nationale des chemins de fer vicinaux

Übersetzt von
Ingenieur **Friedrich Egger**
Brüssel

Mit einer Karte

Springer-Verlag Berlin Heidelberg GmbH
1912

ISBN 978-3-662-40948-0   ISBN 978-3-662-41432-3 (eBook)
DOI 10.1007/978-3-662-41432-3
Softcover reprint of the hardcover 1st edition 1912

Additional material to this book can be downloaded from http://extras.springer.com

Vorwort.

Im Februar 1907 brachte die Revue économique internationale einen Aufsatz über die belgischen Vizinalbahnen aus der Feder des General-Direktors der Société nationale des chemins de fer vicinaux, C. de Burlet.

Dieser Aufsatz erschien später als Separatabdruck und im Jahre 1908 als erweiterte 2. Auflage.

Um die hervorragende Bedeutung der belgischen Vizinalbahnen, welche sowohl vom sozial-ökonomischen als auch betriebstechnischen Standpunkt aus nicht genug bewundert werden können, auch weiteren Kreisen vor Augen zu führen, erbat ich mir vom Verfasser die Erlaubnis, diese so überaus lehrreiche und interessante Schrift übersetzen zu dürfen.

Ich habe nicht notwendig, zu sagen, in wie hohem Maße die Vizinalbahnen dazu beigetragen haben, Belgiens Wohlstand, Handel und Industrie zu heben, auch nicht, daß die Gesetze allein unmöglich in einem Zeitraum von kaum 25 Jahren ein derartiges Netz hätten hervorzaubern können, wenn nicht Männer mit Initiative, Energie und weitem Blick seit Gründung der Gesellschaft an der Spitze stehend, unbeeinflußt von politischen und persönlichen Momenten, ihre ganze Kraft dafür eingesetzt hätten, um dem Lande Nutzen zu bringen.

Dadurch verwirklichten sie auch die stolzen Hoffnungen des Ministers Sainctelette, welcher in der Kammer am 28. Januar sagte:

„Belgien ist das erste Land gewesen, welches die Eisenbahnen auf dem Kontinent einführte, es wäre ein neuer Erfolg, das beste Vizinalbahn-System zu besitzen."

Brüssel, Januar 1912.

F. Egger.

Inhaltsverzeichnis.

Seite

I. Allgemeine Betrachtungen über die Entwicklung der belgischen Bahnen 1
II. Vervollständigung des Hauptbahnnetzes durch Lokalbahnen . 3
III. Das Gesetz vom 9. Juli 1875 und seine Ergebnisse . . . 4
IV. Die Arbeiten der Kommission im Jahre 1881 6
V. Anträge der Herren Bischoffsheim und Wellens, Mitglieder der Kommission im Jahre 1881 9
VI. Schlußfolgerungen des Ausschusses 14
VII. Gründung der belgischen Vizinalbahngesellschaft 15
VIII. Resultate des neuen Vizinalbahngesetzes 23
IX. Schlußfolgerungen 47
Anhang 49

I. Allgemeine Betrachtungen über die Entwicklung der belgischen Bahnen.

Die belgischen Eisenbahnen wurden durch ein Gesetz vom 1. Mai 1834 ins Leben gerufen und ein Jahr später, am 5. Mai 1835, fand die feierliche Eröffnung der 16 km langen Strecke Brüssel-Malines, als erste auf dem Kontinent, statt.

Die Entwicklung dieses neuen Verkehrsmittels war eine außerordentliche und beeinflußte den öffentlichen Wohlstand in einer Weise, welche alle Erwartungen, selbst jene der berufensten Personen übertraf, da man sich gänzlich über den Wert der Eisenbahnen täuschte.

Ein sehr berühmter französischer Staatsmann äußerte öffentlich zu der Zeit, als die ersten Konzessionen verliehen wurden, daß die Eisenbahn stets ein zu kostspieliges Beförderungsmittel sein würde, um je eine Rolle zu spielen und sich für den Transport schwerer Waren zu eignen.

Auch in Belgien war man nach Fertigstellung der ersten Linien weit davon entfernt zu ahnen, daß unsere Eisenbahn eines Tages die erstaunliche Ausdehnung erreichen würde, die man heute wahrnimmt.

Noch im Jahre 1845 erklärte einer der erfahrensten Minister des Landes im Augenblick, da er sein Amt niederlegte, daß das belgische Eisenbahnnetz so ziemlich als vollendet angesehen werden könnte, obwohl nur eine Gesamtlänge von 578 km vorhanden war, während jetzt 4593 km ausgebaut sind.

Die nachstehenden Zahlen veranschaulichen deutlich den Fortschritt von 10 zu 10 Jahren:

1835	16 km
1845	578 ,,
1855	1307 ,,
1865	2305 ,,

1875 . . . . 3441 km
1885 . . . . 4417 „
1895 . . . . 4569 „
1905 . . . . 4578 „
1907 . . . . 4593 „

In den letzten Jahren hat der Staat mehrere bedeutende Eisenbahnnetze, wie die der Gesellschaft „Grand-Central", Liége-Maestricht", „Liégeois-Limbourgeois" usw. an sich gebracht und seine Wirtschaftspolitik zielt dahin, den Betrieb des ganzen Haupteisenbahnnetzes zu monopolisieren, so daß jetzt nur mehr 358 km Eigentum von Privatgesellschaften sind, auch wurden keine neuen Konzessionen mehr erteilt, hingegen der Rückkauf der Linie Termonde-St. Nicolas (21 km) am 8. Mai 1908 dem Abgeordnetenhause von der Regierung proponiert.

Man ersieht aus obigen Ziffern, daß das Hauptnetz, wenigstens mit Bezug auf seine Länge, der endgültigen Entwicklung nahe zu sein scheint; dieselbe hat seit 1885 kaum mehr zugenommen. Die sehr wichtigen und bedeutenden Arbeiten, welche die Staatseisenbahnverwaltung in diesem Augenblick verfolgt, beziehen sich mehr auf Verdopplung gewisser Strecken, Eröffnung direkter Verbindungslinien, um einzelne Bahnhöfe zu entlasten, usw. Es ist indes wahrscheinlich, daß man nach Fertigstellung der wenigen augenblicklich im Bau befindlichen Vollbahn-Strecken kaum mehr neue einrichten wird, um Verbindungen mit noch abseits liegenden Orten herzustellen. Es scheint vielmehr diese Aufgabe jenen Nebenlinien vorbehalten zu sein, mit denen wir uns im Verlauf dieser Arbeit beschäftigen wollen.

Die Brutto-Einnahmen der Vollbahnen Belgiens stiegen von 32 325 410 frs im Jahre 1855 auf 126 144 148 frs im Jahre 1875, von 196 862 602 frs im Jahre 1895 bis auf 278 374 739 frs für 1905, für das Betriebsjahr 1907 auf 298 529 467 frs.

In denselben Jahren ist das Anlagekapital von 408 259 726 frs für 1855 bis auf ungefähr 2 461 169 283 frs für das Jahr 1905 gestiegen und erreichte im Jahre 1907 die Summe von 2 663 929 138 frs.

Obige Ziffern beziehen sich sowohl auf die staatlichen als auf die Privateisenbahnen.

Mit Rücksicht auf seinen Flächeninhalt nimmt Belgien bei weitem den ersten Rang unter allen Nationen der Welt ein.

Es kommen auf je 100 km² allein 15,5 km Vollbahnen, während die anderen Länder, wie England, Deutschland, Frankreich, einschließlich der Nebenbahnen nur je 11,7, 10,3 und 8,5 km aufweisen.

Es ist nicht ohne Interesse daran zu erinnern, daß Belgien auch in bezug auf seine Volksdichte unter allen Nationen die erste Stelle einnimmt, da es 227 Einwohner pro Quadratkilometer zählt, während

Holland	160	Einwohner
Deutschland	135	,,
England	132	,,
Frankreich	73	,,

pro Quadratkilometer aufweisen.

Es ist überflüssig, auf den entscheidenden Einfluß hinzuweisen, welchen dies gewaltige Eisenbahnnetz auf den Wohlstand unseres Landes ausgeübt hat, Einfluß der heute von niemand mehr bestritten wird. Eine wahrhafte Umwälzung vollzog sich in allen Gegenden, sobald sie von der Eisenbahn berührt wurden. Die Industrie, der Handel, der Ackerbau, der Verkehr in den Häfen, alles kam rasch, fast von einem Tage zum andern, auf eine ungeahnte Höhe der Entwicklung.

II. Vervollständigung des Hauptbahnnetzes durch Lokalbahnen.

Trotz der erzielten Resultate konnte man nicht stehen bleiben. Die großen Schienenwege können nicht gut überall hingelangen; ihre erheblichen Anlagekosten, die Anforderungen des Betriebes und die Schwierigkeiten des Terrains bedingen notwendigerweise die Ausschließung vieler Lokalitäten von geringerer Bedeutung, welche jedoch durch den Mangel einer Verbindung sehr empfindlich geschädigt werden und sich infolge dieser Isolierung in einem Zustande der Inferiorität befinden, der durch nichts auszugleichen ist. Außerdem sind die Vollbahnen nicht imstande, den Verkehrsbedürfnissen zwischen den Städten und Vorstädten oder zwischen den zahlreichen dicht bevölkerten belgischen Ortschaften Genüge zu leisten. Man mußte notgedrungen auf dies doppelte Bedürfnis Rücksicht nehmen und den noch nicht an das Eisenbahnnetz angeschlossenen Gebieten und damit allen Schichten unserer so tätigen, arbeitsamen und unternehmenden Bevölkerung Mittel und Gelegenheit verschaffen, ihren Schaffensdrang betätigen zu können. Dies kann nicht besser geschehen, als wenn man rasche und ökonomische Verkehrsmittel zu ihrer Verfügung stellt, sie an die großen Zentralpunkte anschließt und mit den schon bestehenden Linien verbindet. Man hat oft und mit Recht folgenden, der Wirklichkeit durchaus entsprechenden Vergleich gemacht: die Hauptbahnen sind die Ströme, die Neben- und Straßenbahnen sollen die Flüsse und Bäche sein, welche die ersteren vervollständigen, und dies nicht nur zum Wohle der anwohnenden Bevölkerung, sondern auch um die Lebenskraft der Ströme zu erhöhen und deren Verkehr immer weiter zu verstärken.

Man dachte also daran, neben dem Hauptbahnnetz ein zweites Bahnnetz zu schaffen, welches tiefer in das Innere des Landes eindringen und den vielfachen, sich immer mehr entwickelnden Verkehrsbedürfnissen in den Städten und Vorstädten Rechnung tragen sollte.

Dies war der Zweck des Gesetzes vom Jahre 1875, dessen Bekanntmachung in dem Augenblick erfolgte, als die Länge der belgischen Bahnen 3441 km betrug.

III. Das Gesetz vom 9. Juli 1875 und seine Ergebnisse.

Ein Gesetz vom 9. Juli 1875, betitelt „Straßenbahngesetz", bezog sich gleichzeitig auf die Sekundärbahnen, wie dies deutlich aus den Darlegungen des Motiven-Berichtes und den Beschlüssen des Ausschusses hervorgeht.

Es beschränkt sich nicht allein auf die Regelung der städtischen Straßenbahn-Konzessionen, wie man aus dem Titel schließen könnte, sondern sollte auch die Entwicklung der Schienenwege nach isolierten Gegenden und die Gründung möglichst vieler neuer Zugänge zu dem Vollbahnnetz fördern.

Wir wollen nun erwägen, ob sich die Hoffnungen der Gesetzgeber erfüllten. So sehr das Gesetz auf die Entwicklung der städtischen Trambahnen fördernd wirkte, so wenig beeinflußte es jedoch ein intensiveres Fortschreiten der Sekundär- und Lokalbahnlinien. Straßenbahnen in größeren Städten sind meist gewinnbringende Unternehmungen, für welche Privatkreise keinen Anstand nehmen, ihre Kapitalien festzulegen; während die Sekundärbahnen dagegen, welche die Städte verlassen, um in Gegenden einzudringen, wo die Bevölkerung weniger dicht ist, Handel und Industrie — diese Hauptelemente des Verkehrswesens — geringer sind, dem Privatkapital keinen Reiz bieten.

Derartige Unternehmungen sind nicht nur weniger sicher, sondern auch für Privatgesellschaften nicht sehr verlockend, da die Industrie des Beförderungswesens an Unternehmungen, die kein einträgliches Ergebnis in Aussicht stellen, kein Interesse hat.

Es ist daher nicht zu verwundern, daß, während die städtischen Straßenbahnen dank des Gesetzes vom Jahre 1875 einen bedeutenden Aufschwung nahmen, hiervon nichts oder fast nichts auf dem Gebiet der Sekundärbahnen zu konstatieren war.

Zwischen der Bekanntmachung des Gesetzes vom Jahre 1875 und der Votierung der Gesetze von 1884 und 1885 die Vizinalbahnen betreffend — Gesetze von denen noch weiterhin die Rede sein wird — wurde die Konzession einer einzigen derartigen Bahnlinie bewilligt. Es war dies die Lokalbahn von Taviers nach Embresin, welche am 1. Juni 1878 Herrn Zaman erteilt wurde. Dieser intelligente und unternehmende Mann hatte zunächst den Wunsch, seine bedeutenden landwirtschaftlichen und industriellen Unternehmungen am Ausgangspunkt der Bahnlinie liegend, mit dem Vollbahnnetz zu verbinden.

Dies war offenbar der übrigens ganz gerechtfertigte Hauptzweck seines Konzessionsgesuches, mehr noch als das Bestreben, auf die Intentionen des Gesetzes von 1875 einzugehen, das da vorschreibt: „Ortschaften, welche von dem Vollbahnnetz entfernt sind, durch Nebenlinien mit demselben möglichst rasch zu verbinden, da es unbillig wäre, die Bevölkerung auf dieses neue Beförderungsmittel, welches bestimmt ist, in Zukunft einen derartig fördernden Einfluß auf die Entwicklung des öffentlichen Wohlstandes, die sozialökonomischen Lebensbedingungen, den

Aufschwung der Vollbahnen auszuüben, warten zu lassen, umsomehr, als es unmöglich ist, die außerordentliche Bedeutung zu verkennen ...."

Die vorgenannte Strecke mit der geringen Spurweite von 70 cm und nur 9½ km Länge war also ein vereinzelter, aus besonderen Umständen hervorgegangener Fall, welcher keine Nachahmung fand.

Es muß noch besonders hervorgehoben werden, daß die Konzessionserteilung für die Bahn Taviers—Embresin, da sie nur eine Länge von weniger als 10 km hatte, kraft des Gesetzes vom 10. Mai 1862 und nicht desjenigen vom 9. Juli 1875 erfolgte.

Das schöne Programm, welches die Urheber des Gesetzes vom Jahre 1875 diesem zugrunde legten, um die Entwickelung der bescheidenen Lokalbahnen zu fördern, hatte somit gar keine Früchte getragen. Man kam zur Einsicht, daß aus den vorher angegeben Gründen nicht auf die Unternehmungslust von Privatkreisen gerechnet werden kann. Dieselben beteiligten sich mit ihrem Kapital nicht an Geschäften von zweifelhafter Rentabilität, auch dann nicht, wenn solche ein unbestreitbares öffentliches Interesse haben und eng mit der allgemeinen Wohlfahrt des Landes verknüpft sind. Die Dinge liegen einmal so in Wirklichkeit, und alle theoretischen Vernunftgründe der Welt können daran absolut nichts ändern, und im vorliegenden Fall hat die Erfahrung bewiesen, daß das Gesetz von 1875 sich für die Sekundärbahnen als absolut unfruchtbar und unwirksam erwies.

IV. Die Arbeiten der Kommission im Jahre 1881.

Die maßgebenden Kreise konnten sich keinen Täuschungen über die Lage der Sache hingeben, und am 28. Januar 1881 wurde eine Kommission eingesetzt, ,,die beauftragt war, zu erwägen, auf welche Art und Weise das Land Sekundär- oder Vizinalbahnen erhalten könne."

Da diese Kommission vom Beginn ihrer Tätigkeit an die Benennung ,,Vizinaleisenbahnen" adoptierte, eine Bezeichnung, welche seither in die Umgangssprache übergegangen ist, so sei dieselbe auch hier stets angewandt, um jenes Schienennetz zu bezeichnen, das in den verschiedenen Ländern: Sekundärbahnen, Lokalbahnen, Bezirksbahnen, Kleinbahnen, leichte Eisenbahnen (light railways) usw. genannt wird.

Die Ernennung dieser Kommission erfolgte durch den Minister des Innern Rolin-Jaequemyns, den Finanzminister Graux, und den Minister der öffentlichen Arbeiten Sainctelette.

In der bemerkenswerten Rede, die der Minister Sainctelette bei der Eröffnungssitzung hielt, skizzierte er in kurzen Worten, aber mit seltener Klarheit, das Arbeitsprogramm der Kommission und stellte die Punkte fest, über welche die Regierung ihre Ansicht zu erfahren wünschte.

Zur besseren Beleuchtung dessen, was folgt, seien hier die Hauptstellen der Rede des Ministers wiedergegeben:

„Belgien sieht den Zeitpunkt herankommen, wo das Netz seiner großen Schienenwege vollendet sein wird und bedarf daher außer seiner Vollbahnen auch Nebenlinien, da letztere in ihrer Art ebenso segensreich sind, wie die ersteren.

„Welches soll die Gesetzgebung dieser Verkehrswege sein? An welche soziale Kreise soll man appellieren, um ihre Entstehung und rasche Entwicklung zu fördern? Genügt es, dies neue Gebiet dem Unternehmungsgeist des einzelnen zu überlassen oder soll im Gegenteil hier, genau wie bei dem Vollbahnnetz die Staatsverwaltung die Initiative ergreifen und sämtliche Faktoren unseres politischen Lebens, d. h. Gemeinden, Provinzen und Staat, zu gemeinsamen Schritten heranziehen?

„Wo sind die nötigen Hilfsquellen zu suchen, wie zu vereinigen und wie am besten auszunutzen? Es wird keine geringe pekuniäre Aufgabe sein, Belgien mit großen und kleinen Vizinalstrecken auszurüsten. Scheint es nicht gefährlich, der individuellen Bestrebung freies Feld zu lassen, da dieselbe doch nur den mühelosesten und einträglichsten Teil des Werkes ins Auge fassen dürfte? Wenn man das Eingreifen der Gemeindebehörden, Provinzialverwaltungen, des Staats für notwendig hält, wie ihnen die Mittel zu einer Beteiligung im großen Maßstabe verschaffen? Wem soll man die Ausführung und später die Ausbeutung des gemeinsam begonnenen Unternehmens anvertrauen?

.... Wenn man das Ziel nicht verfehlen will, müssen die Transportkosten der Vizinalbahnen noch geringer sein, als die schon so reduzierten des gewöhnlichen Transportwesens.

. . . .

„Soll man den Unternehmern des zweiten und dritten Bahnnetzes, wer sie auch sein mögen, freie Wahl lassen in Bezug auf die Bedingungen der Einrichtung und Ausbeutung derselben? Darf man sich bei Anwendung eines einheitlichen Systems in dieser Beziehung mehr Vorteile versprechen, als wenn man dem einzelnen anheimstellt, den Bau und den Betrieb so einzurichten, wie es seinen Interessen am besten entspricht? Soll man z. B. die Spurweite und folglich die Art des Materials vorschreiben oder nicht? Sollen die zu jeder Verkehrslinie gehörenden Hilfsmittel nur dieser dienen oder im Gegenteil den verschiedenen Gruppen die Möglichkeit geboten werden, sich gegebenenfalls gegenseitig auszuhelfen, wenigstens durch leihweises Überlassen von Maschinen und Wagenmaterial?

„Und hier stoße ich auf ein anderes Problem.

„Darf es zwischen den großen Linien und den Vizinallinien einen Unterschied in der Spurweite geben? Für den Personenverkehr ist die Frage leicht erledigt, aber in bezug auf den Warentransport bleibt die Frage offen. Vielen Ortschaften würde man einen zweifelhaften Dienst leisten dadurch, daß man sie der bedeutenden Vorteile beraubt, welche die Anwendung eines einheitlichen Materials mit sich bringt, da man ihnen hierdurch die Mühe und die Kosten auferlegt, welche aus der doppelten Manipulation beim Umladen entstehen.

„Auf welche Weise könnten die Interessen des Staates bei der Ausbeutung des Vollbahnnetzes gewahrt werden, falls man sich für ein einheitliches Schienensystem entscheidet? Sicherlich soll in zweifelhaften Fällen das Volksinteresse höher stehen wie das des Fiskus, und man darf den Gedanken nicht aufkommen lassen, die Bevölkerung durch eine schlechte Einrichtung oder unvorteilhaften Betrieb zu benachteiligen, nur um der Eisenbahnverwaltung ihren ganzen Verkehr und Kundenkreis zu wahren.

. . . .

„Der leitende Hauptgedanke scheint mir folgender zu sein: Nichts von den Sekundärbahnen und Tramways zu beanspruchen, was besser durch die Vollbahnen erreicht werden kann, aber alle neuen Kräfte und Mittel dazu verwenden, um die Vorteile eines raschen Transports sämtlichen Kreisen zugänglich zu machen, wodurch nicht nur der Stamm und die Äste, sondern auch die Zweige und das Blätterwerk die ganze Lebenskraft erhalten werden.

„Auch in diesen Grenzen ist die Aufgabe noch eine sehr große, und manches neue Problem wird über diesen Gegenstand noch zu erörtern sein. Wenn z. B. in unseren großen Städten der Personentransport heute sicher, schnell, bequem und billig, also in befriedigendster Weise vonstatten geht, so kann man nicht umhin, eine bessere Organisation der Beförderung schwerer Waren zu wünschen und sich darüber zu wundern, daß es fast eben so viel kostet, eine Tonne Kohlen vom Bahnhof ins Haus zu schaffen, als von der Zeche bis zum Bahnhof. Wie erklärt es sich, daß eine so große Anzahl von Fabrikanten und Geschäftsleuten ein so kostspieliges, nur selten benutztes Material zu ihrer eigenen Verfügung haben halten müssen? Wie soll man sich nicht darüber wundern, daß unsere Landbevölkerung ihre Erzeugnisse heute ebenso nach der Stadt transportiert, wie vor 50 Jahren?

„Belgien ist das erste Land gewesen, welches die Eisenbahnen auf dem Kontinent einführte; es wäre ein neuer Erfolg, das beste Vizinalbahn-System zu besitzen. Die Aufgabe ist schwierig und die Regierung will sie nicht ohne Ihre wertvolle Mitwirkung in Angriff nehmen."

Die Kommission machte sich sofort an die Arbeit und ausführliche Protokolle, deren Lektüre von großem Interesse ist, zeugen von ihrer Tätigkeit.

V. Anträge der Herren Bischoffsheim und Wellens, Mitglieder der Kommission im Jahre 1881.

Schon bei der zweiten Sitzung wurde der Kommission eine Broschüre, das Werk zweier Mitglieder, der Herren Bischoffsheim und Wellens, betitelt: „Gründung einer belgischen Vizinalbahngesellschaft", vorgelegt, welcher ein Entwurf der Statuten der zu bildenden Gesellschaft sowie ein Gesetzesentwurf beigegeben war. Diese Dokumente, welche tatsächlich den Erörterungen der Kommission zugrunde lagen, erfordern, daß man sie hier näher betrachtet, denn sie enthielten das Prinzip der späteren Organisation, welche schließlich den Sieg davontrug, und den Gegenstand der Gesetze von 1884 und 1885 über die Vizinalbahnen bildete. Die Ehre, die Schöpfer dieser Gesetze zu sein, gebührt unstreitig diesen beiden hervorragenden Männern.

Welches ist nun der Hauptgedanke und das Neue des Systems, welches so überaus gute Resultate zeitigte?

Diese Frage ist leicht beantwortet: man darf nicht durch vereinzelte, unzusammenhängende Konzessionen die Verwirklichung des zu schaffenden Sekundärbahnnetzes der Privatinitiative überlassen, da sie garnichts leisten wird oder sich nur darauf beschränken wird, die besten Strecken auszunutzen; sie wird die erhaltenen Konzessionen als eine Spekulation betrachten, sie eventuell weiter verkaufen oder mangelhaft exploitieren, da der Wunsch, der Allgemeinheit zu dienen, nicht so groß sein wird, als die Sorge, die angelegten Kapitalien fruchtbringend anzuwenden, auch ohne jede Rücksicht auf die Interessen der Nachbar-Konzessionen.

Um den von dem Gesetzgeber ins Auge gefaßten Zweck zu erreichen, muß die Regierung selbst die Initiative ergreifen, ohne indes eine etwaige private Beteiligung abzulehnen. Dieses große Unternehmen, welches dem Wohle des ganzen Landes dienen soll, muß — wie dies der Minister Sainctelette in seiner Eröffnungsrede sehr richtig sagte, — die drei großen Elemente unseres politischen Lebens: Gemeinde, Provinz und Staat vereinen, um eine solche Mission von allgemeinem Interesse ohne irgend welchen Nebengedanken, auf Gewinn oder Spekulation abzielend, zu übernehmen.

Einige Stellen dieser vor der Einsetzung der Kommission für Vizinalbahnen herausgegebenen Broschüre verdienen wörtlich angeführt zu werden:

„Eine einheitliche, ausschließlich von dem Interesse für das Gemeinwohl geleitete Direktion ist für den guten Betrieb der Vizinalbahnen ebenso notwendig als bei den großen Linien, von denen es sich im Grunde nur durch einen schwächeren Verkehr und geringere Konstruktions- und Betriebskosten unterscheidet. Seine Ausdehnung wird sehr wahrscheinlich diejenige des Vollbahnnetzes übertreffen."

„Die Verleihung von Konzessionen des größten Teils unserer Eisenbahnen an Privatgesellschaften erklärte und rechtfertigte sich früher, da man die Staatsfinanzen nicht zu sehr belasten wollte.

„Die Erfahrung hat jedoch alle Nachteile dieses Systems offenbart, und der Staat ist mehr oder weniger gezwungen, um die Einheitlichkeit herzustellen, den größten Teil, ja vielleicht die Gesamtheit der konzessionierten Strecken, wieder an sich zu bringen, und dies zu sehr nachteiligen Bedingungen. Die Regierung wäre heute nicht zu entschuldigen, wenn sie denselben Fehler in bezug auf die Vizinalbahnen beginge, und man kann sich daher nur Glück wünschen, daß das Gesetz vom 9. Juli 1875 bis jetzt noch keine Anwendung gefunden hat.

„Der Augenblick ist indes gekommen, dieses Gesetz zu vervollständigen und um jene Schwierigkeiten sowie Nachteile zu beseitigen, welche es mit sich bringen würde, schien es uns zweckmäßig, eine Kombination zu suchen, welche gleichzeitig die Interessen der Gemeinden und die des Landes wahren würde.

„Dies Resultat wäre zu erreichen durch die Gründung einer allgemeinen Vizinalbahngesellschaft (Compagnie Nationale des Chemins de Fer Vicinaux), die eine gewisse Analogie mit der Kommunalkreditgesellschaft hätte.

„Die neue Gesellschaft würde, ebenso wie letztere in Bezug auf kommunale Anleihen die Aufgabe haben, alle Operationen betreffs Gründung von Vizinalbahnen zu zentralisieren; sie würde das zur Ausführung der Arbeiten und zum Betriebe nötige Kapital beschaffen, überall einheitliche Prinzipien und eine strenge Ökonomie einführen, ohne welche die Vizinalbahnen sich nicht zweckmäßig entwickeln können, und schließlich den Gemeinden, den Provinzen und dem Staat den Gewinn des Unternehmens reservieren.

„Die Gründung in diesem Sinne einer unter Aufsicht der Behörden stehenden Gesellschaft schließt jeden Gedanken an Spekulation aus; trotz ihrer Form einer industriellen Gesellschaft fehlt ihr doch deren besonderes Merkzeichen, nämlich eine Vereinigung von Privatinteressen zu sein.

„Mit anderen Worten, die Gesellschaft würde, ganz wie im gleichen Falle der Staat, nur das allgemeine Interesse im Auge behalten, dabei jedoch die Vorteile einer Privatgesellschaft für sich haben, d. h. mit größerer Schnelligkeit, mit mehr Initiative handeln, die einzelnen Projekte vollständig unbefangen, unbeeinflußt von lokalen, politischen oder sonstigen Strömungen untersuchen, und sich schließlich besser den Bedürfnissen anpassen, welche die Umstände mit sich bringen.

. . . .

„Es wäre ein großer Irrtum zu glauben, daß alle Gemeinden immer in der Lage sein würden, auf ihrem Gebiet ihre Vizinalbahnen allein auszuführen.

„Man muß folglich zugeben, daß das zum Bau der Vizinalbahnen erforderliche Kapital vom Staat und den Provinzen und nur zum Teil durch die Gemeinden selbst aufgebracht werden muß. Die Aufgabe der Vizinalbahn-Gesellschaft, welche die Beschaffung und Verwaltung dieses Kapitals übernimmt, wäre, dem öffentlichen Interesse zu dienen, da sie besser imstande, eine solche Mission zu erfüllen, als die Gemeinden selbst.

„Die Hilfsquellen, über welche die Gemeinden verfügen, bestehen der Hauptsache nach nur aus regelmäßigen Jahreseinnahmen, doch könnten sie sich mit Hilfe der Gesellschaft das ihnen notwendige Kapital zu sehr günstigen Bedingungen verschaffen.

„Es würde dazu genügen, daß sie die zur Verzinsung und Amortisation des Kapitals nötigen Summen aus ihren Einnahmen decken und daß sie sich verpflichten, diese Summen in jährlichen Raten an die Vizinalbahn-Gesellschaft zu zahlen, wenn das Betriebsergebnis der betreffenden Linie ein ungenügendes ist.

„Die Gesellschaft müßte sich ihrerseits den Gegenwert des durch die Gemeinden garantierten Betrages dadurch verschaffen, daß sie Obligationen zu festen Zinsen ausgibt, deren Placierung um so leichter sein würde, als dieselben unabhängig von der Garantie der Gemeinden durch die Einnahmen der Vizinalbahnen gesichert sind und überdies unter der Aufsicht und Kontrolle der Regierung ausgegeben werden könnten.

. . . .

„Um den Erfolg der Vizinalbahnen zu ermöglichen, ist es aber notwendig, daß dieselben mit der allergrößten Ökonomie gebaut und betrieben werden.

. . . .

„Auf diese Weise kann der Staat ohne jede Ausgabe und ohne

Risiko für sich eine Garantie übernehmen und seinen Kredit demjenigen der Gemeinden hinzufügen.

„Durch diese Konzession würde der Staat bedeutende Ersparnisse bei der Unterhaltung der Straßen machen, da diese durch den Bau der Vizinalbahnen entlastet würden und die Möglichkeit haben, ohne Kosten verschiedene wichtige öffentliche Verwaltungen, wie das Post- und Telegraphenwesen, zu heben, und schließlich den Ertrag der dem Staatsnetz angehörenden Linien um ein bedeutendes zu erhöhen.

. . . .

„Die Gesellschaft hätte nur eine einzige Art von Obligationen auszugeben, welche alle vorgenannten Garantien aufweisen würde.

„Die auszugebenden Aktien wären nur für den Staat, die Provinzen und die Gemeinden bestimmt, um die von ihnen geliehenen Kapitalien oder Annuitäten zu decken. Es folgt daraus, daß der aus dem Betriebe erzielte Gewinn ihnen zufallen würde.

. . . .

„Die Verwaltungen hätten nach Beschaffung des nötigen Kapitals sich weder um die Ausarbeitung der Pläne, noch um die Ausführung der Arbeiten und den Betrieb ihrer Linien zu kümmern.

„Sie fänden in dieser Beziehung eine äußerst zweckentsprechende Unterstützung in der Organisation der Gesellschaft. Diese wäre durch ihr Personal in der Lage, die Projekte ausarbeiten zu lassen, die Linien zu bauen und sie unter den günstigsten Bedingungen zu betreiben.

. . . .

„Wir haben bereits gezeigt, wie sehr eine Teilung des Vizinalbahnnetzes dem allgemeinen Interesse des Landes zum Nachteil gereichen würde.

„Indes ließe sich diese so notwendige Einheit in Belgien weder durch eine Finanzgesellschaft erreichen, da ihr die öffentliche Meinung das Vertrauen in einer derartigen Lebensfrage versagen würde, noch selbst durch die Regierung, weil man fürchten müßte, ihre schon so zahlreichen Funktionen noch mehr zu erhöhen.

. . . .

„Die vorgenannten Erwägungen sind unseres Erachtens genügend, um das Ziel unserer Kombination, welche wir nun vorschlagen, klarzulegen und welche darin besteht, das Gesetz vom 9. Juli 1875 durch die Errichtung einer Gesellschaft für Vizinalbahnen zu vervollständigen. Dadurch wird den Gemeinden ermöglicht, unter den günstigsten Bedingungen jene Vorteile auszunutzen, die das Gesetz bietet, um die rasche Entwicklung der Schienenwege zu fördern und solche Ortschaften mit dem Vollbahnnetz zu verbinden, die sonst noch sehr lange ohne Verbindung bleiben würden."

Der Broschüre der Herren Bischoffsheim und Wellens war der Statutenentwurf einer Gesellschaft für Vizinalbahnen und ein Gesetzentwurf beigefügt, der die Regierung autorisierte, 1. diese Statuten zu genehmigen; 2. die Zinsen und die Amortisation der durch die Gesellschaft auszugebenden Obligationen zu gewährleisten.

VI. Schlußfolgerungen des Ausschusses.

Die Kommission erörterte während sieben Sitzungen in erschöpfender Weise die verschiedenen, das neu zu bauende Schienennetz betreffenden Fragen und formulierte ihre Schlußfolgerungen folgendermaßen:

1. „Keine öffentliche Gemeinschaft darf a priori unberücksichtigt bleiben, damit dem Vizinalbahnwesen die größtmöglichste Entwicklung gesichert sei.

2. „Der Gedanke einer Vereinigung zwischen dem Staat, den Provinzen und den Gemeinden, wie in der Broschüre „Errichtung einer Gesellschaft für Vizinalbahnen" erläutert, kann die Tätigkeit dieser Verwaltungen derartig fördern, daß dadurch, wenigstens teilweise, das erhoffte Resultat erreicht wird.

3. a) „Der Staat muß trachten, für die Vollbahnlinien eine Konkurrenz zu vermeiden dadurch, daß er den Bau von nur solchen Vizinalbahnen bewilligt, welche den Hauptlinien nicht schaden können; b) im Falle diese Konkurrenz dennoch entstehen sollte, muß der Staat durch die Handhabe des Gesetzes die Möglichkeit haben, dieselbe bekämpfen zu können; c) ein Mittel, das in den Händen des Staates bleiben muß, ist das Recht, nicht nur Tarif-Ermäßigung zu verhindern, sondern gegebenfalls Tarif-Erhöhungen zu verlangen; d) diese Konkurrenz wird sich jedoch nur in den

Fällen einstellen, wo eine Vizinalstrecke, (die, sei es auf einmal, sei es in Teilstrecken bewilligt wurde) zwei Ortschaften unter sich verbinden würde, welche bereits an Hauptbahn-Stationen liegen.

4. ,,Der Absatz a) des Artikels 3 enthält das Prinzip, welches bei der Ausarbeitung eines allgemeinen Plans der Vizinalstrecken in Belgien beachtet werden muß; die Vizinalbahnen sollen Nebenlinien der Hauptbahnen sein und nicht Konkurrenzlinien.

5. ,,Es ist nicht notwendig, ein einheitliches Modell für die Gleise und das Material aller Vizinalbahnen festzusetzen; die einen können Normalspur, andere Schmalspur besitzen, je nach den maßgebenden Verhältnissen der Art der zu benutzenden Straßen und den speziellen Anforderungen des Verkehrs usw.

6. ,,Es ist nicht notwendig, a priori eine einheitliche Abgabe für den Péage-Verkehr gleichartiger Linien festzulegen.

7. ,,Es ist kein Grund vorhanden, einzelne Gruppen zur Führung des Betriebes zu bilden und die größte Ausdehnung des Gebietes festzulegen, welches von einer Gruppe verwaltet werden darf.

8. ,,Es wäre angebracht, den Gesellschaften, welche Vizinalbahnen bauen wollen, Rückkaufsbedingungen vorzuschreiben.

9. ,,Ein Gesetz bahnpolizeilicher Bestimmungen, die Vizinalbahnen betreffend, ist zu schaffen.

,,Die Kommission spricht den Wunsch aus, die Regierung möge das Nötige veranlassen, um in kürzester Frist den Bau jener Vizinalbahnlinien, deren Notwendigkeit anerkannt ist, zu beginnen.

VII. Gründung der belgischen Vizinalbahn-Gesellschaft durch die Gesetze vom 28. Mai 1884 und 24. Juni 1885.

Die Kommission beendete ihre Arbeiten am 6. April 1881 und etwas über ein Jahr darauf, am 22. Mai 1882, wurde der Kammer durch den Finanzminister Graux ein Gesetzentwurf, die Gründung einer Gesellschaft für Viznialbahnen betreffend, vorgelegt, begleitet von einem horvorragenden Motivenbericht.

Dieser Entwurf wurde das Gesetz vom 28. Mai 1884, das jedoch auf Veranlassung des Ministers Beernaert durch das Gesetz vom

24. Juni 1885 ersetzt wurde, welches sich von dem ersteren nur durch einzelne Modifikationen unterscheidet, die vom allgemeinen Standpunkt aus — welcher der vorliegenden Arbeit zugrunde liegt — nur geringe Wichtigkeit haben und die Prinzipien des Gesetzes von 1884 unberührt lassen.

Dieses für unser Vaterland so wichtige Gesetz, ein wahres Fundament des Vizinalbahnwesens, entwickelt absolut neue Grundsätze, welche besonders hervorgehoben werden müssen:

1. Die Gründung der Vizinaleisenbahnen wird einer einzigen Körperschaft, der Vizinalbahngesellschaft (Société Nationale des Chemins de Fer Vicinaux), anvertraut. Dieselbe wird von gewissen Steuern und Abgaben befreit und ihr außerdem ein Monopol verliehen, jedoch mit der Einschränkung: die Regierung, welcher nach Erfüllung der vorgeschriebenen Formalitäten allein das Recht zusteht, Konzessionen zu vergeben, kann solche anderen verleihen, wenn die Gesellschaft nicht im Laufe eines Jahres den gleichen Antrag gestellt hat oder wenn sie das Projekt nicht in dem festgesetzten Zeitraum ausgeführt hat.

Die Statuten der neuen Gesellschaft sind durch das Gesetz bestimmt; sie bilden einen integrierenden Teil desselben und können nur wieder durch ein Gesetz verändert werden.

2. Die der Gesellschaft verliehenen Konzessionen sind von unbegrenzter Dauer, wie die Gesellschaft selbst; die dritten Personen zedierten Konzessionen dürfen eine Zeitdauer von 90 Jahren nicht überschreiten.

Der Staat kann jederzeit die Konzession zu den im Konzessionsvertrag festgesetzten Bedingungen zurückkaufen.

3. Die Gesellschaft arbeitet unter der Kontrolle des Staates, welcher berechtigt ist:

a) die Tarifsätze zu genehmigen und jederzeit deren Erhöhung anzuordnen;

b) der Ausführung jeder Maßregel entgegenzutreten, welche dem Gesetz, den Statuten oder den Staatsinteressen zuwider ist;

c) bahnpolizeiliche Verordnungen zu erlassen und im Interesse der Allgemeinheit gewisse Transporte unentgeltlich zu verlangen.

4. Das Kapital wird durch Aktien beschafft, welche vom Staat, den Provinzen und den Gemeinden gezeichnet werden.

Dies ist einer der bemerkenswertesten und interessantesten Punkte der ganzen Organisation. Alle Schienenwege waren bisher entweder direkt durch den Staat oder durch Privatgesellschaften gebaut worden, doch ohne jede finanzielle Beteiligung der Gemeinden oder Provinzen.

Man betrat nun einen gänzlich neuen Weg und mußte die maßgebenden Körperschaften der Provinzen und Gemeinden von der bisher unbekannten Idee einer Beteiligung an einem Unternehmen ganz besonderer Art überzeugen, welche zwar das öffentliche Interesse betraf, jedoch auch einen industriellen Charakter trug und deren Risikos und Unsicherheiten ausgesetzt war. Dies war mit eine der größten Schwierigkeiten, welche sich der Ausführung des durch das Gesetz von 1885 geschaffenen Werkes entgegenstellten.

Glücklicherweise gelang es, eine geistreiche Lösung zu finden, welche den Behörden ermöglichte, sich nicht durch Zahlung einer zu zeichnenden Summe finanziell zu beteiligen, sondern durch jährliche Renten, welche für einen Zeitraum von 90 Jahren gezeichnet wurden und aus Zinsen und Amortisation bestanden. Nach einigem Schwanken wurde der Satz für diese Annuitäten auf 3,5 % festgesetzt, und es läßt sich annehmen, daß er sich nicht wesentlich mehr verändern wird, es sei denn, daß die Lage des Geldmarktes die Unterbringung der Obligationen der Gesellschaft erschwert bzw. nur zu ungünstigen Bedingungen ermöglicht [1]).

Die Gemeinden, die Provinz und der Staat können also entweder ihre Aktien sofort zeichnen und vollzahlen, oder das oben auseinandergesetzte System der Annuitäten wählen, welches keine wesentliche Störung ihres Budgets verursachen kann.

Es ist wohl kaum nötig hinzuzufügen, daß mit wenigen Ausnahmen diese letztere Methode gewählt wird.

Man kann nun leicht die Wirkungsweise dieses Finanzsystems übersehen: eine Gemeinde, deren Beteiligung z. B. 100 000 frs beträgt, erhält 100 Aktien a 1000 frs der betreffenden Serie gegen Zeichnung von 90 Annuitäten zu 3,5 %, d. h. von 3500 frs, Am Ende des Betriebsjahres hat sie also entweder eine gewisse Summe zu bezahlen oder zu empfangen, je nachdem die Dividende oder der Reinertrag der Linie (denn jede Linie hat ihre eigene, getrennte Abrechnung) höher oder niedriger als 3,5 %

---

[1]) Die Vizinalbahngesellschaft ist durch das Sinken der Rente des Staates gezwungen, den Satz von 3,5 % auf 3,65 % zu erhöhen.

war, und diese Summe entspricht genau der Differenz zwischen dem Annuitätsbetrag von 3,5 % und der verteilten Dividende.

Wie stellt sich nun das Verhältnis der Beteiligung für die Behörden und wie haben sie unter sich das zu zeichnende Kapital zu verteilen?

Das Gesetz hat dies Verhältnis nicht festgesetzt und konnte es natürlich auch nicht von vornherein für alle vorkommenden, unendlich verschiedenen Fälle festsetzen. Abgesehen davon hat der Gesetzgeber die lobenswerte Absicht gehabt, jeder Behörde die Möglichkeit offen zu lassen, sich an der Zeichnung des Kapitals einer gewissen Vizinalstrecke zu beteiligen oder nicht. Man kann eine Gemeinde oder eine Provinz ebensowenig dazu zwingen, als den Staat selbst, man schuf ein freiheitliches System ohne jeden Zwang. Durch langsames und geduldiges Überreden mußte man in jedem speziellen Falle zum Ziele kommen, besonders zu Beginn, wo man begreiflicherweise und sehr mit Recht in bezug auf diese Neuheit, diese noch unbekannte Wohltat, Mißtrauen und Befürchtungen begegnete. Wir haben weiter oben ausgeführt, wie man im Anfangsstadium der Eisenbahnen dachte und man braucht sich daher darüber nicht zu wundern, daß auch dem so neuen jungen Unternehmen anfänglich Schwierigkeiten bereitet wurden.

Die großen öffentlichen Verwaltungen, der Staat und die Provinzen nahmen jedoch bald gewisse Grundsätze an, nach welchen sie ein für alle Mal die Höhe ihrer Beteiligung an dem Kapital der einzelnen Strecken festsetzten.

Der Staat beteiligte sich zuerst mit einem Viertel; nach Ablauf einiger Jahre erkannte er aber den bedeutenden Nutzen, welchen diese neuen Verkehrswege dem Lande leisteten, und da er anderseits konstatierte, wie gering das Geldopfer war, welches sie dem Staatsschatz auferlegten, so bestimmte der Finanzminister de Smet de Naeyer im Jahre 1896, daß die Beteiligung des Staates für alle Vizinalbahnlinien künftighin auf die Hälfte des Kapitals fixiert werde.

Dies ist das Maximum, der Leistung des Staates: das Gesetz verbietet nämlich der Regierung, sich mit mehr als der Hälfte zu beteiligen, da man wollte, daß bei jedem derartigen Unternehmen der Anteil der Gemeinden und Provinzen wenigstens 50 % betrage.

Von den neun Provinzen Belgiens haben fünf ihren Anteil

auf ein Drittel festgesetzt. Es sind dies die Provinzen: Antwerpen, Lüttich, Luxemburg, Limburg und Namur. Die vier anderen: Brabant, Hennegau und die beiden Flandern haben ihre Beteiligung auf ein Viertel des Kapitals beschränkt.

Unter diesen Umständen bleibt nur ein Sechstel oder ein Viertel für die Gemeinden übrig, je nachdem sie zu der ersten oder zweiten Kategorie von Provinzen gehören, und zwar müssen alle Gemeinden, die ein gemeinschaftliches Interesse an einer Linie haben, dieses Viertel oder Sechstel gemeinsam übernehmen. Die Verteilung der Anteile der einzelnen Gemeinden ist durch das Gesetz nicht festgelegt.

Selbstverständlich soll der Betrag der Zeichnung dem Interesse der an der Strecke liegenden Gemeinde entsprechen. Das ist jedoch nichts weiter als eine theoretische Formel, da das Interesse von recht zahlreichen, je nach den Verhältnissen verschiedenen Umständen abhängt, welche man bisher noch nicht streng abzugleichen imstande war. Die Vizinalbahngesellschaft hat schon gelegentlich der ersten Fälle, in denen sie das Gesetz zur Anwendung bringen mußte, die Frage eingehend untersucht und glaubte der Wirklichkeit ziemlich nahezukommen, wenn sie als Basis für die Beteiligung der Gemeinden zwei Faktoren annahm: die Einwohnerzahl und die Länge der Strecke auf dem Gemeindeterritorium.

Dieses System wurde ganz allgemein von den Beteiligten angenommen, welche sich natürlich über event. Modifikationen der aus dieser Rechnung sich ergebenden Summen untereinander verständigen können: es genügt, daß die Gesamtheit der Gemeinden den auf sie fallenden Anteil am Kapital der Gesellschaft übernimmt.

Es ist unseres Erachtens wichtig, hier hervorzuheben, daß Privatpersonen gleichfalls zur Zeichnung von Aktien zugelassen sind, und daß ihre Beteiligung den Anteil der Gemeinden vermindert.

Sie dürfen sich indessen nicht der Form von Jahresrenten bedienen, sondern müssen das Kapital sofort einzahlen; überdies darf die Höhe des Anteils von Privatpersonen für eine bestimmte Linie ein Drittel des Kapitals nicht übersteigen. Der Gesetzgeber wollte ausdrücklich diese Beteiligung ebenso wie die des Staates begrenzen, um stets das Interesse der Gemeinden und der Provinzen aufrecht zu erhalten.

Wir haben uns etwas lange bei diesem Teil der Organisation der Vizinalbahnen (Bildung des Kapitals der einzelnen Strecken) aufgehalten, da er sehr wesentlich ist und die eigentliche Grundlage des ganzen Systems darstellt; übrigens wird nach dem Gesetz keine Konzession erteilt, ,,wenn nicht bewiesen werden kann, daß durch die Zeichnung einer genügenden Anzahl von Aktien der Bau und eventuell die Inbetriebsetzung der Linie gesichert ist".

5. Sobald das Kapital einer Linie vollständig gezeichnet ist, gibt die Gesellschaft Obligationen in Höhe der von den Gemeindeverwaltungen, Provinzen und dem Staat schuldigen Annuitäten aus, welche die Regierung ermächtigt ist, Dritten gegenüber zu garantieren. Es ist überflüssig, auf die Bedeutung dieser Garantie und die Erleichterungen, welche sie der Gesellschaft bei der Beschaffung der erforderlichen Kapitalien gewährt, noch besonders hinzuweisen.

6. Das Aktien-Kapital ist in so viele Aktien-Serien eingeteilt, als es konzessionierte Linien gibt, und jede Serie hat ein Recht auf den Gewinn, welcher durch die Linie, zu der sie gehört, erzielt wird.

Hieraus folgt, daß jede Vizinallinie ein Unternehmen für sich mit eigener besonderer Abrechnung bildet, und daß eine Gemeinde, die bei einer bestimmten Linie interessiert ist, nichts mit den Erfolgen oder Mißerfolgen anderer Linien zu schaffen hat.

Alle diese Unternehmungen haben indessen ein finanzielles Band, bestimmt durch die Art und Weise der Gewinnteilung, worauf wir später bei Besprechung dieses sehr interessanten Punktes näher zurückkommen.

7. Die Gesellschaft wird durch einen Verwaltungsrat, der aus einem Präsidenten und sechs Mitgliedern besteht, und durch einen Generaldirektor verwaltet. Der Verwaltungsrat besitzt die weitestgehenden Vollmachten.

Der Präsident und drei Verwaltungsratsmitglieder werden von der Regierung, die drei anderen von der einmal jährlich stattfindenden Generalversammlung der Aktionäre ernannt.

Der Präsident kann die Ausführung jedes Verwaltungsrats-Beschlusses der seiner Meinung nach dem Gesetz, den bestehenden Statuten oder dem Staatsinteresse widerspricht, aufhalten. Die Regierung muß dann innerhalb 14 Tagen eine Entscheidung treffen.

Der Generaldirektor wird durch den König ernannt.

Außerdem besteht ein Überwachungs-Komitee, das sich aus 9 durch die Generalversammlung ernannte Mitglieder zusammensetzt. Auf Vorschlag des Verwaltungsrats hat die Generalversammlung angenommen, in dieses Komitee Mitglieder der Provinzialausschüsse der 9 Provinzen zu wählen.

8. Wir haben bereits erwähnt, daß jede Linie eine besondere Abrechnung ihrer Bau- und Betriebsausgaben hat und partizipiert an den allgemeinen Unkosten der Gesellschaft im Verhältnis ihrer Brutto-Einnahmen.

Der Gewinn wird zunächst durch eine erste Dividende in Höhe der gezeichneten Annuitätsrate (3,5 %) verteilt; der Überschuß dient sodann, nach Abzug der statutenmäßigen Tantiemen, zu einem Viertel zur Errichtung eines Betriebsfonds für jede Linie und zu $^3/_8$ zu einem Reservefonds für die ganze Gesellschaft; die restierenden $^3/_8$ bilden eine Super-Dividende.

Dieser Reservefonds ist das finanzielle Band zwischen den verschiedenen Linien. Aufgebracht durch die guten Linien, deren Einnahmen gestatten, eine die Annuitätsrate übersteigende Dividende zu verteilen, ist er dazu bestimmt, die eventuellen Betriebsverluste der schlechten Linien zu decken.

9. Die Generalversammlung besteht aus den Aktionären, den privaten sowohl als den öffentlichen Behörden, derart, daß jede Provinz und jede Gemeinde durch einen einzigen Delegierten vertreten ist, der jedoch ebensoviel Stimmen hat, als sein Mandant Aktien besitzt — unter der üblichen Reserve einer eventuellen Reduktion.

Dies ist, in allgemeinen Umrissen und von charakteristischen Gesichtspunkten aus, die Organisation der Vizinalbahngesellschaft, wie sie aus den Beratungen der gesetzgebenden Körperschaft von 1884 und 1885 hervorgegangen ist; die Statuten sagen „Aktiengesellschaft", man muß ihr jedoch eine ganz besondere Eigenart zugestehen, denn sie gleicht in Wirklichkeit viel mehr einer öffentlichen Verwaltung als einer gewöhnlichen Gesellschaft. Dabei ist ihr Räderwerk, wenigstens anscheinend, sehr kompliziert und schwierig in Bewegung zu setzen; aber man darf getrost behaupten eine, wie die Erfahrung gezeigt hat, fruchtbare und geistreiche Kombination, die in der glücklichsten Art und Weise die drei öffentlichen Behördengruppen, Staat, Provinz und Gemeinde, sowie Private, Grundbesitzer, Kaufleute und Industrielle vereinigt, um ein Unternehmen von eminentem allgemeinen Interesse zu schaffen, welches die Privat-Initiative allein, wie wir gesehen haben, nie imstande gewesen wäre, zu verwirklichen.

Wie wurde dieses Gesetz von den Nationalökonomen unseres Landes aufgenommen? Von den einen skeptisch, denn sie sahen darin einen viel zu komplizierten Organismus, zu viel verschiedene Köpfe, die unter einen Hut zu bringen waren, und zweifelten daran, daß die ungeheure Maschine in Bewegung gesetzt werden könne; andere machten theoretische und prinzipielle Einwendungen.

Einer unserer hervorragendsten Nationalökonomen schrieb am 14. Juni 1885, also am Tage nach der Annahme des Gesetzes von 1885, welches das Gesetz von 1884 modifizierte, folgendes:

„Wir gehörten nie zu den begeisterten Anhängern des Gesetzes vom 28. Mai 1884 über die Vizinalbahnen. Dieses Gesetz zerstörte die individuelle Initiative, enthielt jedoch nichts, was geeignet gewesen wäre, dasjenige zu ersetzen, was es vernichtete. Groß war die Gefahr, daß dieses Gesetz, welches in den Augen einiger dazu berufen war, den Eisenbahnen in Belgien einen äußerst hohen Aufschwung zu geben, sein Ziel verfehlte und, wie das Gesetz über den Landbau-Kredit, ein Dekorationsstück blieb.

„Das Doppel-Prinzip des Gesetzes, nämlich Konzentration des Sekundärbahnnetzes in den Händen einer einzigen Verwaltung — noch dazu einer Staatsverwaltung — war wohl geeignet, Zweifel zu wecken.

„Monopole sind da, wo sie nicht absolut notwendig, keineswegs wünschenswert, und Staatsverwaltungen mit ihrem gewöhnlich sehr verwickelten Getriebe lassen sich schwer mit den Ideen strenger Sparsamkeit, ja sogar Knauserei vereinigen, von denen man in diesem Falle durchdrungen sein müßte". (Moniteur des Intérêts matérials, No. vom 14. Juni 1885.)

Mehr als zwánzig Jahre sind seitdem vergangen. Hat die Erfahrung nun diese Zweifel, Kritiken und entmutigenden Prophezeiungen bestätigt?

Das haben wir noch kurz zu prüfen.

VIII. Resultate des neuen Vizinalbahngesetzes.
a) Gründung der belgischen Vizinalbahngesellschaft. Ihre ersten Linien und ihr gegenwärtiges Bahnnetz.

Nach der Publikation des Gesetzes vom 24. Juni 1885 konnte ans Werk gegangen werden und am 6. Juli desselben Jahres wurde die Gesellschaft notariell gegründet.

Vom 15. September an sandte der Minister des Ackerbaues, Handels und der öffentlichen Arbeiten und die Vizinalbahngesellschaft an die Provinzialbehörden und Gemeindeverwaltungen Zirkulare sowie Bestimmungen über die Behandlung von Gesuchen zur Gründung von Vizinalbahnen, Anleitungen über die von den Gemeinden zu haltenden Überlegungen, falls sie die Projektierung einer Linie nachzusuchen beabsichtigten und einen Teil des dazu erforderlichen Kapitals zeichnen wollten usw.

Gleichzeitig wurde im Einvernehmen mit dem Finanzminister das Modell der Obligationen und Aktienformulare festgesetzt, und es erschien ein königlicher Erlaß, der die Bedingungen, unter welchen der Staat die Verzinsung der Obligationen der Gesellschaft Dritten gegenüber garantiert, bestimmte.

Schließlich wurde durch Regierungsbeschluß ein Reglement betreffend die der Gesellschaft zu gewährenden Konzessionen genehmigt.

Die beiden ersten Konzessionen (die Linien von Ostende nach Nieuport und von Antwerpen nach Hoogstraeten) wurden am 27. März 1886 verliehen.

Diese Linien eröffneten ihren Betrieb am 15. Juli und 16. Aug. 1885, also vor den königlichen Genehmigungen dieser Konzessionen. Die Gesellschaft hatte im Einverständnis mit allen öffentlichen Behörden und in dem Bestreben, dem Wunsche der ungeduldigen in Betracht kommenden Bevölkerung zu entsprechen, unter ihrer eigenen Verantwortlichkeit, ohne die Erledigung aller zur definitiven Konzessionserteilung nötigen Formalitäten erst abzuwarten, den Betrieb eröffnet.

Diese Tatsache ist merkwürdig genug, um besonders erwähnt zu werden.

So wurde die erste Etappe schnell erreicht und der Fortschritt trat von Jahr zu Jahr mehr in die Erscheinung, wie aus folgender Tabelle über die Entwicklung der konzessionierten und in Betrieb genommenen Linien zu ersehen ist:

Jahr	Zahl der Strecken	Bewilligt	Länge der Strecken im Betrieb
1887	28	512 km	315 km
1890	49	960 ,,	753 ,,
1895	75	1,554 ,,	1,258 ,,
1900	104	2,384 ,,	1,840 ,,
1905	143	3,550 ,,	2,717 ,,
1906	155	3,874 ,,	2,919 ,,
1907	157	3,992 ,,	3,068 ,,
1908	161	4,179 ,,	3,336 ,,

Wenn man sowohl die bis Ende 1907 in Betrieb befindlichen Voll- und auch die Vizinalbahnen berücksichtigt, kommt man in Belgien zu einem Gesamtbetrage von 7,731 km, d. h. 26,2 km auf 100 qkm. Wir haben gesehen, daß Großbritannien und Irland, welches unmittelbar auf Belgien folgt, nur 11,7 km hat.

Unabhängig von den 3992 km bereits konzessionierter Linien bestehen noch 358 km, wofür um eine Konzession angesucht wurde und 992 km, wofür die Projekte sich bereits in sehr vorgeschrittenem Stadium befinden (und bereits eine definitive Berücksichtigung erlangt haben). Und es scheint, als ob die Bewegung noch lange nicht zum Stillstand kommen wird.

Die Vizinalbahnen haben fast ausschließlich Dampfbetrieb. Die Gesellschaft hat indessen etwa 200 km für elektrischen Betrieb eingerichtet und beabsichtigt noch große Erweiterungen auf diesem Gebiet.

Die Einführung des elektrischen Betriebes an Stelle des Dampfes auf jenen Linien größerer Bedeutung begann im Jahre 1894 auf der Strecke Brüssel-Petite Espinette (11 550 km) mit oberirdischer Stromzuführung. Die Einnahme pro Bahnkilometer und Jahr, welche 1894 24 410 frs betrug, stieg ungemein und erreichte schon nach 2 Jahren, d. h. 1896 32 700 frs, im Jahre 1900 50 000 frs, 1907 76 500 frs.

Im Jahre 1896 wurde mit der Einführung des elektrischen Betriebes auf den Linien in der Umgebung von La Louvière und von

Charleroi begonnen und auch hier stiegen die Einnahmen sofort sehr bedeutend, so daß auch die Linien von Lüttich und Borinage für die elektrische Traktion eingerichtet wurden.

Anfänglich hatte jedes Netz seine eigene Kraftstation für die notwendige elektrische Energie, aber da in den letzten Jahren im Lande große Zentralen geschaffen wurden, welche Strom für öffentliche und private Beleuchtung und motorische Zwecke abgeben, dessen Gestehungskosten dank ihrer modernen und mächtigen Maschinen auf ein Minimum gebracht werden, so findet die Vizinalbahngesellschaft es vorteilhafter, den Strom von derartigen Zentralen zu beziehen, als selbst zu erzeugen.

Durch diese Maßnahme vermeidet die Vizinalbahngesellschaft bzw. die Aktionäre der einzelnen Linien bedeutende Investitionen, und da die stetigen Fortschritte in der Elektrotechnik häufige Umwandlungen mit sich bringen, die nur mit großen Kosten erfolgen können, so werden Kapitalserhöhungen vermieden, die schwer und nur langsam von den beteiligten Behörden zu erzielen sind.

Es darf auch nicht vergessen werden, daß Betriebsstörungen durch Unfälle aller Art eintreten können, wenn nicht bedeutende kostspielige Reserven vorhanden sind, welche sich jedoch nur große Kraftstationen, die eine bedeutende Produktion aufweisen, gestatten können.

Die Verträge, welche die Vizinalbahngesellschaft mit den Zentralen abschließt, sehen die Bezahlung von Schadenersatz vor in allen Fällen, in welchen durch Unterbrechung der Lieferung von elektrischer Energie ein Einnahmeausfall erfolgt.

Zu Ende des Jahres 1907 bestand die Ausrüstung der Vizinallinien aus: 563 Lokomotiven, 1843 Personen- und Dienstwagen, 5099 Güterwagen, 218 Motorwagen, 122 Anhängewagen.

Die Brutto-Einnahmen des Bahnnetzes haben folgende Phasen durchgemacht. (Siehe Tabelle Seite 26.)

Eine diesem Bericht beiliegende Karte Belgiens zeigt in schwarzer Farbe das belgische Vollbahnnetz und in roter das Netz der konzessionierten Vizinalbahnen.

Das belgische Vollbahnnetz, an welchem man nun seit 73 Jahren arbeitet, hat bisher eine Länge von 4593 km erreicht, die Vizinalbahnlinien, die vor weniger als 25 Jahren in Angriff genommen wurden, haben jetzt (einschließlich der wenigen Linien,

Jahre	Im Betrieb befindl. km	Bruttoeinnahmen
1887	315	965 977 frs
1890	753	2 929 875 ,,
1895	1 259	5 903 464 ,,
1900	1 840	9 841 515 ,,
1905	2 717	15 187 412 ,,
1906	2 919	16 609 568 ,,
1907	3 068	17 782 540 ,,
1908	3 335	18 991 354 ,,

welche anderen Gesellschaften konzessioniert wurden) eine Länge von 3405 km. Man sieht jetzt schon den Moment kommen, in welchem das Sekundärbahnnetz an Ausdehnung bedeutender sein wird, als das der Vollbahnen und dadurch auch das bewahrheitet, was die Herren Bischoffsheim und Wellens in ihrer so interessanten Broschüre prophezeiten.

b) Kapitalsbeschaffung.

Die den konzessionierten Linien entsprechende Kapitaleinlage beziffert sich auf 249 226 000 frs, die in folgendem Verhältnis gezeichnet worden sind:

Staat	41,3 %
Provinzen	28,3 ,,
Gemeinden	28,9 ,,
Private	1,5 ,,

Wir haben weiter oben (s. VII, 4.) gezeigt, wie das für die Linien nötige Kapital beschafft worden ist, in welchem Verhältnis der Staat und die verschiedenen Provinzialbehörden beschlossen hatten, teilzunehmen, und wie die einzelnen Gemeindeverwaltungen den auf sie fallenden Teil des Kapitals unter sich verteilten.

Alle Behörden haben das oben auseinandergesetzte System der Annuitäten gewählt, um ihre Aktien einzulösen, die Privatpersonen hingegen mußten die Einzahlung des Kapitals sofort vornehmen.

c) Spurweite.

Die 157 konzessionierten Linien sind in bezug auf die Spurweite folgendermaßen einzuteilen:

    1 m   141 Linien, 3 469 km umfassend
    1,067 m 13   ,,   486 ,,   ,,
    1,435 m   3   ,,   37 ,,   ,,

Man sieht, daß die Gesellschaft als allgemeine Regel die Schmalspur (1 m) angewendet hat; von dieser Regel wurde nur für eine gewisse Anzahl Linien eine Ausnahme gemacht, welche sich dem niederländischen Sekundärbahnnetz anschließen sollten, dessen Schienenbreite 1,067 m ist, und ferner für einige verhältnismäßig kurze schwere Gütertransportstrecken, welche mit Rücksicht auf besondere Umstände die sonst nur für das Vollbahnnetz anzuwendende Normalspur (1,435 m) rechtfertigen [1]).

Interessant ist es, daß einzelne Strecken 4 Schienen haben, so daß sie zugleich große und kleine Spurweite besitzen.

Dieses System kommt dann zur Anwendung, wenn in geringer Entfernung von dem Verbindungsbahnhof einer Vollbahn sich Steinbrüche, industrielle Betriebe usw. befinden, welche schwere Gütertransporte bedingen und wodurch die Umladung von den Normalspurwagen selbst vermieden wird.

Die Gesellschaft hat Strecken mit 4 Schienen auf einer Länge von 43 km eingerichtet, welche sich auf 6 verschiedene Linien verteilen. Ähnliche Pläne sind für andere Punkte des Netzes in Ausarbeitung.

Die Beförderung der Vollbahnwagen geschieht durch die Lokomotiven von 1 m Spur; ein sogenannter Zwischenwagen,

---

[1]) Diejenigen Leser, welche sich über diese sehr interessante Frage der Spurweite näher unterrichten wollen, finden vollständige Aufklärung in den Erörterungen, welche gelegentlich des Straßen- und Lokalbahnkongresses in dessen verschiedenen Sitzungen stattfanden, sowie auch bei dem Eisenbahnkongreß in London im Jahre 1902 (Berichterstatter C. de Burlet), in Petersburg im Jahre 1892 (Berichterstatter M. Radice). Die Wahl der Spurweite hängt begreiflicherweise von der so oft erörterten und bestrittenen Frage der Güterumladung ab. Man vergleiche über diesen Gegenstand den Bericht aus der dritten Tagung des Eisenbahnkongresses, Paris 1889, XXVI. Frage (Berichterstatter E. Level).

welcher beide Kupplungs-Vorrichtungen besitzt, ist eine sehr praktische Lösung dieses interessanten Problems [1]).

d) Verhandlungen zwecks Erhalt einer Konzession und Vorarbeiten zum Bau einer Vizinalbahn.

Es ist vielleicht nicht ohne Interesse, die sehr verschiedenartigen Phasen kennen zu lernen, die der Entwurf eines Vizinalbahnprojektes von seiner Entstehung an durchzumachen hat. Den Anfang macht ein Beschluß der Gemeindeverwaltungen, durch den die Projektierung einer Strecke bei der Gesellschaft beantragt wird und wobei sich diese Körperschaften prinzipiell, ohne Festsetzung einer bestimmten Summe, zu einer eventuellen Beteiligung am Kapital der Linie, und, falls diese nicht zustande kommt, zur Vergütung der Projektkosten verpflichten. Die Gesellschaft muß sich nach dieser Richtung hin decken, denn sie hat nur Kredite für die Strecken, welche sie auch wirklich baut, aber nicht für diejenigen, welche nicht über das Projektstadium hinauskommen.

Wir haben oben (VII, 4.) gesagt, daß dieses finanzielle Eingreifen der Gemeinden und Provinzen bei dem Bau von Eisenbahnen etwas absolut Neues war, und man anfänglich, besonders für Linien mit voraussichtlich bescheidenem Verkehr, viel Geduld und Zeit anwenden mußte, um allmählich mit seiner Überzeugung durchzudringen.

Haben die Beratungen der Gemeinden stattgefunden, so wird die vorläufige Tracenführung der beantragten Strecke möglichst genau auf einer Generalstabskarte eingezeichnet und der Regierung zur vorläufigen Begutachtung eingereicht.

Die Akten gehen vorerst zum Kriegsministerium, wo sie mit Rücksicht auf die Landesverteidigung geprüft werden, und dann zum Eisenbahnministerium, wo man sie hinsichtlich der Konkurrenz mit den Vollbahnen untersucht.

Wir haben bereits gesehen, daß sowohl die Kommission von 1881 als auch das Gesetz von 1884 und 1885 den Vizinalbahnen

---

[1]) Dieses System funktioniert auf den Strecken von Turnhout nach Moll, von Casteau nach Neufvilles, von Chimay nach Forges, von Saint-Ghislain nach Hautrage und von Comblain nach Ouffet.

den Charakter von Zufuhrlinien zu den Hauptbahnen bewahren wollte.

Man braucht nicht vor den Hindernissen zu erschrecken, die aus den ganz berechtigten Bedenken bei dem Kriegs- und Eisenbahnministerium entstehen können, denn Ende 1907 war eine Gesamtstrecke von 6130 km für Vizinalbahnen bewilligt worden, während nur 415 km abgewiesen worden waren. Was muß man daraus schließen? Daß die Eisenbahnverwaltung das Sekundärnetz nicht als Konkurrenten, sondern mehr und mehr als einen bescheidenen aber nützlichen Verbündeten betrachtet, welcher sowohl für die allgemeine Verkehrsentwicklung der Hauptlinien, als auch für das Allgemeininteresse von hoher Bedeutung ist und daher immer ermutigt und unterstützt, und nicht etwa gehemmt werden darf. Schon im Jahre 1900 erklärte das belgische Eisenbahnministerium in einem Bericht auf dem Eisenbahnkongreß (6. Tagung) in Paris 1900, daß man durch einen Vergleich zwischen den Einnahmen der Übergangsstationen mit denen der benachbarten Bahnhöfe, sowie durch gesammelte Beobachtungen zu der Erkenntnis gekommen sei, daß die Vizinalbahnen im allgemeinen einen guten Teil zum Fortschritt des Verkehrs beigetragen haben.

Selbst bei gewissen Vizinallinien, die man als Konkurrenz betrachten könne, habe man eine Erhöhung der Einnahmen auf den Staatsbahnhöfen festgestellt, ein Beweis, daß die Existenz dieser Linien keinen ungünstigen Einfluß auf den Verkehr der Hauptbahnen ausgeübt habe.

Seitdem scheint sich diese Ansicht durch die erworbenen Erfahrungen noch mehr befestigt zu haben.

Wenn die Gutachten der beiden angefragten Ministerien günstig lauten, wird eine Vorkonzession erteilt und die Regierung verlangt, ehe sie über das Konzessionsgesuch und ihre Beteiligung an der Gründung einen definitiven Beschluß faßt, von der Gesellschaft ein detailliertes Projekt mit genauer Umschreibung der Linie. Dieses Dokument umfaßt die geschäftliche Prüfung der Strecke, den Kostenanschlag und eine Rentabilitätsberechnung. Die durch dieses wichtige Stück vervollständigten Akten werden aufs neue dem Eisenbahn- und Finanzministerium vorgelegt, welches letztere das Recht hat, über die finanzielle Beteiligung des Staates zu entscheiden.

Nach einer vollständigen Durcharbeitung seitens dieser beiden Ministerien benachrichtigt die Regierung die Gesellschaft davon, daß sie bereit sei, eine definitive Konzession zu erteilen und eine Beteiligung am Kapital genehmige; erst dann kann die Gesellschaft sich an die Provinzen und Gemeinden wenden, um den Rest des Kapitals zu erhalten.

Wir haben im Vorhergehenden erwähnt, in welchem Verhältnis der Staat und die einzelnen Provinzen sich zur Beteiligung entschlossen haben und wie die Gemeinden die auf sie entfallende Quote des Kapitals unter sich verteilen. Diese Periode des Verfahrens ergibt oft lange und schwierige Verhandlungen, da sie die Erlangung der finanziellen Verbindlichkeiten umfaßt.

Sobald das Kapital völlig gezeichnet ist, beginnt man mit der definitiven Ausarbeitung des Projektes: Aufnahme der Pläne, Profile usw.

Augenblicklich beschäftigt die Gesellschaft 86 Gruppen auf der Strecke, außer den technischen Bureaus in den Provinzen.

Die weitere Bearbeitung des Projektes geschieht an Ort und Stelle, möglichst im Einverständnis mit den Verwaltungen der von der Linie berührten Gemeinden.

Die nun entworfenen Pläne bilden mit dem Erläuterungsbericht der Anlage, der sich im Laufe der Projektierung vielen Umarbeitungen hat unterziehen müssen, und dem Tarif-Entwurf die Akten des Konzessionsgesuches, welches der Regierung zugestellt wird, um von da an die ganze Reihe der vom Gesetz vorgeschriebenen zahlreichen Untersuchungen durchzumachen: Untersuchungen in jeder von der Linie berührten Gemeinde, Gutachten des Gemeinderats, des Provinzialausschusses, der städtischen, provinzialen und staatlichen, technischen Behörden usw.

Im Laufe der Untersuchung entstandene Beobachtungen werden der Gesellschaft mitgeteilt, die über jede derselben ihr Gutachten abgibt.

Die so vervollständigten Akten gehen samt dem offiziellen Nachweis über die Zeichnung des Kapitals an die Regierung zurück, und das Eisenbahnministerium besitzt dann alle Unterlagen, um die Pläne genehmigen zu können und den königlichen Erlaß über die Erteilung der Konzession zu erwirken.

Sind die Pläne betreffend die Linienführung angenommen, so müssen noch die Detailkatasterpläne entworfen werden, aus denen alle anzukaufenden Grundstücke zu ersehen sind. Dies ist eine lange Arbeit, welche die größte Genauigkeit erfordert, da diese Pläne eventuell dem gerichtlichen Enteignungsverfahren zugrunde gelegt werden müssen.

Die Katasterpläne unterliegen ihrerseits ebenfalls verschiedenen Verfahren und erst nach ihrer Genehmigung kann die Gesellschaft mit dem Ankauf der Grundstücke beginnen.

Die zur Besitzergreifung derselben nötigen Schritte, sei es, daß eine gütliche Einigung zustande kommt, sei es, daß die Hilfe des Gerichts in Anspruch genommen werden muß, nehmen im allgemeinen eine beträchtliche Zeit in Anspruch. Jedermann weiß, wie langwierig die Enteignungsformalitäten sind, und man darf sich daher nicht wundern, daß die Regierung, die bei ihren Arbeiten auf dieselben Hindernisse und Schwierigkeiten stößt, dem Parlament eine eingreifende Änderung der gegenwärtigen Gesetzgebung vorgeschlagen hat (Gesetz vom 9. September 1907).

Der Terrain-Ankauf ist ein sehr wichtiges Gebiet: die Gesellschaft hat seit ihrem Bestehen mehr als 30 800 Grundstücke ankaufen müssen. In den Jahren 1905, 1906 und 1907 war ihre Zahl 2800, 3900 bzw. 3800 Stücke.

In der Zwischenzeit entwirft die Gesellschaft die Baupläne und arbeitet die Kostenanschläge und Lastenhefte aus, um nach Ankauf aller nötigen Terrains die Ausschreibung der Arbeiten vornehmen zu können.

Die Darstellung der zahlreichen Phasen dieser Vorarbeiten macht es begreiflich, daß oft eine beträchtliche Zeit zwischen der Entstehung eines Vizinalbahnprojektes und seiner Ausführung, d. h. dem Beginn der Arbeiten vergeht. Der Bevölkerung, die ungeduldig den Augenblick erwartet, wo sie das neue Verkehrsmittel benutzen kann, erscheint natürlich diese Zeit äußerst lange.

Andere Ursachen der Verzögerung können sich noch aus Spezialfragen ergeben, wie z. B. die Anschlüsse an die Staatsbahnhöfe, welche so eingerichtet werden müssen, daß sie einer eventuell geplanten Erweiterung der letzteren Rechnung tragen.

Weiterhin besteht noch die Frage, welche Breite den bestehenden Chausseen, Straßen und Wegen ungeschmälert überlassen werden soll. Da das Verkehrsbedürfnis auf den Landstraßen in den letzten Jahren viel größer geworden ist, stellen die in Frage kommenden Behörden (Ministerium der öffentlichen Arbeiten, Provinz und Gemeinde) immer strengere Anforderungen, die übrigens auch ganz gerechtfertigt sind. Auch geben die Kreuzungen der Staatsbahnen durch Vizinallinien oft Anlaß zu langen Verhandlungen.

Der Staat hat es sich zur Regel gemacht, aus Sicherheitsrücksichten keine Niveau-Kreuzung mehr zu gestatten. Die Gesellschaft ist also genötigt, eine Unter- oder Überführung des Hauptbahnkörpers zu studieren, was in vielen Fällen lange und schwierige Studien erfordert.

Handelt es sich schließlich um eine Vizinallinie mit elektrischem Betrieb, so müssen auch noch die Telegraphen- und Telephon-Verwaltungen ihr Gutachten abgeben.

e) Tracenführung auf öffentlichen Wegen und auf eigenem Bahnkörper. Anlagekosten.

Wir sprachen weiter oben von den für die Vizinallinien in Anspruch genommenen Straßen und Chausseen. Wenn man die vorbereitenden parlamentarischen Dokumente, aus denen das Gesetz über die Vizinalbahnen hervorgegangen ist, durchliest, findet man anfänglich den Gedanken, die Bahn-Trace fast ausschließlich auf den bestehenden Straßen zu führen, und die Gesellschaft hat sich auch in der ersten Zeit ihres Wirkens aus Ersparnisgründen bei den Anlagekosten an dieses System gehalten. Die Erfahrung lehrte aber, daß man diese Sparsamkeit vielleicht etwas zu weit getrieben und Bahnen geschaffen hatte, deren Betrieb Schwierigkeiten, ja sogar Gefahren im Gefolge hatte und bisweilen unerwartete Betriebsausgaben verursachte.

Außerdem entstanden häufig auch noch Hindernisse für den Straßenverkehr, welche bald zu Reklamationen Veranlassung gaben. Es werden daher gegenwärtig die Vizinalbahnen nur dann noch auf den Landstraßen gebaut, wenn diese eine genügende Breite und Profile mit mäßigen Steigungen besitzen, wodurch man allmählich dahin gekommen ist, Linien zu errichten, die zum größten Teil auf eigenem Bahnkörper laufen.

Unter Berücksichtigung des gegenwärtig im Betrieb befindlichen Bahnnetzes findet man folgende Zahlen:

Linien, die auf nicht verbreiterten Straßen erbaut sind 1704 km
Linien, die auf verbreiterten Straßen erbaut sind . . 317 „
Linien, die auf besonderem Bahnkörper erbaut sind . 1033 „
insgesamt 3054 km

Diese Änderung der ursprünglich befolgten Methode ist eine der Hauptursachen, welche die Anlagekosten erhöht haben; aber auch das Steigen der Preise der Rohmaterialien, der Arbeitslöhne, des Bodenwertes usw. haben in hohem Maße mitgewirkt.

Im Jahre 1890 betrugen die Kosten der Vizinalbahnen (Dampf) einschließlich des rollenden Materials, pro Kilometer 43 027 Frank.

Im Jahre 1895 . . . . 46 669 Franken
„   „   1900 . . . . 47 559 „
„   „   1905 . . . . 55 040 „
„   „   1907 . . . . 55 827 „

Für die Linien mit elektrischer Ausrüstung:
Im Jahre 1900 . . . . 135 096 Franken
„   „   1905 . . . . 140 378 „
„   „   1907 . . . . 168 518 „

f) Bruttoeinnahmen. Güter- und Personen-Verkehr.

Wir haben weiter oben gesehen, daß die Brottoeinnahmen aller Linien im Jahre 1907 17 782 540 Franken betrugen. Wenn man nur die Bruttoeinnahme der Linien in Betracht zieht, welche sowohl für Personen- als auch für Güterverkehr eingerichtet sind, so kommt man zu der Zahl von 13 526 190 Franken, wovon 4 837 012 Franken auf die Güter und 8 689 177 Franken auf die Reisenden entfallen. Das Verhältnis ist also für erstere 35,5 %, wird aber zweifellos noch größer werden, da, sobald eine neue Linie eröffnet ist, sie von Reisenden ohne Zögern sofort benutzt wird; diejenigen hingegen, welche Waren zu verladen haben und auf den Transport per Achse eingerichtet sind, brauchen eine gewisse Zeit, um sich des neuen Beförderungsmittels mit Erfolg zu bedienen und werden erst langsam Kunden der Bahn.

Die Waren finden aber naturgemäß nach einer gewissen Übergangszeit, während der sich das alte Transportmaterial nach und nach umwandelt, ihren Weg zu den Vizinalbahnen, und früher oder später tragen sie dazu bei, den Verkehr des Bahnnetzes zu vermehren.

Ein Beweis hierfür ist die wachsende Anzahl der privaten industriellen sowohl als landwirtschaftlichen Anschlüsse. Gegen Ende des Jahres 1907 gab es deren 340, mit einer Schienenlänge von ungefähr 103 km.

Fast alle Linien haben Anschlußbahnhöfe (124) an die Vollbahnen, und dort finden die Güterumladungen statt oder bei gleicher Spurweite die Auswechselung der Waggons.

g) Tarife.

Die Tarife der Vizinalbahnen waren Gegenstand besonderer Aufmerksamkeit; sie wechseln natürlich je nach den Umständen.

Wenn man von den sehr verkehrsreichen Linien absieht (auf welchen im allgemeinen der Zonentarif zur Anwendung kommt) so sind die Sätze für die Beförderung der Reisenden folgendermaßen festgesetzt:

1. Klasse: 7 Centimes pro Kilometer
2. Klasse: 5 ,, ,, ,,

Der Preis der Rückfahrkarten ist der doppelte der einfachen mit einem Rabatt von 20 %, außerdem existieren Abonnements für Schüler und Arbeiter zu äußerst niedrigen Preisen, sowie gewöhnliche Abonnements verschiedener Zeitdauer; Gesellschaften, die gemeinsam unter gewissen vorgeschriebenen Bedingungen reisen, genießen Ermäßigungen von 50 %.

Wir wollen nicht näher auf die Einzelheiten der Güterbeförderungstarife eingehen. Diese sind dem bei den Eisenbahnen allgemein üblichen Verfahren in drei Klassen und in vielfache Spezialtarife eingeteilt [1]).

Der Frachttarif besteht aus zwei Teilen: den feststehenden Kosten (gewöhnlich 50 Centimes pro Tonne) und dem je nach der durchlaufenen Strecke veränderlichen Kilometerpreis (welcher von 0,13 auf 0,04 frs. herabgeht).

---

[1]) Die Gesellschaft veröffentlicht regelmäßig ihre Güterbeförderungstarife, sowie die für Gütertransporte festgesetzten Bestimmungen, und kann man in diesen sehr ausführlichen Publikationen jede gewünschte Auskunft finden.

Wir möchten indes hervorheben, daß die Gesellschaft sich bemüht, sowohl für Güter als auch Reisende die niedrigsten Tarife einzusetzen. Sie ist z. B. bis zu einem Tarif von 50 Centimes p. Tonne und 1 Centime pro Tonnenkilometer herabgegangen, und zwar für den Transport von Abfällen aus Steinbrüchen, die zur Ausbesserung kommunaler Straßen in ackerbautreibenden Gemeinden bestimmt waren.

Auf gewissen Linien ging man sogar so weit, daß man für Transporte von Steinbruchabfällen, Kalk, Kalksteinen für Zuckerfabriken, welche innerhalb dreier Jahre bis zu 24 000 oder 30 000 Tonnen stiegen, den festen Satz auf 0,35 frs und 0,25 pro Tonne, und mit 0,04 frs pro Tonnenkilometer veränderlicher Taxe herabsetzte.

Sehr ermäßigte Preise sind auch zugunsten ausnahmsweise stattfindender und bedeutender Transporte außerhalb der Zeit des starken Verkehrs bewilligt worden.

Man muß sich jedoch hier ins Gedächtnis rufen, daß die Tarife der Bestätigung der Regierung unterliegen, die nach dem Gesetz das Recht hat, ihr Heruntergehen zu verhindern und sogar jederzeit ihre Erhöhung zu verlangen. Da diese Bestimmungen so gefährlich erscheinen, sei sofort hinzugefügt, daß von diesem Recht ein äußerst mäßiger Gebrauch gemacht worden ist, und daß die Fälle ernstlicher Meinungsverschiedenheiten zwischen der Regierung und der Gesellschaft hinsichtlich der Tarife immer seltener werden.

Zu der Zeit, als das Gesetz über die Vizinalbahnen ausgearbeitet wurde, stand man unter dem Einfluß der allgemein verbreiteten Besorgnis, die durch kurz vorher eingetretene Ereignisse hervorgerufen worden war [1]), daß die Vizinalbahnen den Hauptlinien Konkurrenz machen und ihren Verkehr schädigen würden. Die Tarife zu beherrschen, schien nicht ohne Grund das wirksamste Mittel, diese Konkurrenz zu limitieren.

---

[1]) Während eines gewissen Zeitraumes hatte die Regierung zahlreiche Konzessionen großer Linien erteilt, die, isoliert, anscheinend für das Staatsnetz ganz ungefährlich waren, durch geschickt abgefaßte Verträge und Konventionen aber vereinigt, in einem gegebenen Moment in denselben Händen ein bedeutendes, zwischen den Staatsbahnen eingeschobenes Netz bildeten, welches die Regierung in die Notwendigkeit eines Rückkaufs versetzte.

Eine Frage von großer Wichtigkeit, die sich an die Tariffrage anschließt, ist der gemischte Beförderungsdienst, d. h. der Übergang der Waren von einer Vizinalline auf eine Hauptlinie und umgekehrt, oder von einer Vizinallinie auf eine andre Vizinallinie.

Im ersten Falle gibt es keine gemischten Tarife. Auf dem Anschlußbahnhof findet das Umladen der Güter mit voller Neuaufgabe und vollständiger Anwendung der Tarife der Linie statt, auf welcher der Transport ankommt.

Im zweiten Fall (Übergang der Waren von einer Vizinallinie auf eine andere Vizinallinie) ändert sich die Lösung je nach den Umständen.

In gewissen Fällen gestattet die Regierung die nur einmalige Bezahlung der festen Taxe, welche eigentlich so oft zu zahlen wäre, als Vizinallinien bei dem Transport in Frage kommen, und die verschiedenen Linien berechnen nach den üblichen zwischen den Bahnen geltenden Regeln die jeder zukommende Quote.

In anderen Fällen untersagt die Regierung den gemischten Tarif, und in diesem Falle tritt Neuaufgabe und Wiederholung der festen Taxe ein, wie für die Beziehungen zwischen den Vizinallinien und dem Staatsnetz.

Man begreift leicht die Bedeutung sowohl des einen als auch des anderen dieser beiden Systeme und ihren Einfluß auf die Entwicklung des Warenaustausches zwischen den verschiedenen Linien.

Mehr und mehr verschwinden alle dieseFragen durch ein immer größeres Entgegenkommen und durch den gegenseitigen Wunsch, allen in Frage kommenden Interessen unparteiisch gerecht zu werden. Es gibt zweifellos noch Meinungsverschiedenheiten, aber sie haben die Tendenz, abzunehmen, wo nicht ganz zu verschwinden.

h) Art des Betriebes. Direkter Betrieb. Verpachtung. Interkommunale Betriebsgesellschaften.

Von den ersten Tagen ihres Bestehens an hatte die Gesellschaft über die wichtige Frage des Betriebes ihrer Linien zu entscheiden, ein Problem, welchem sie ein eingehendes Studium widmete.

Sollte sie diesen Betrieb zentralisieren, um ihn selbst zu führen, oder ihn unter ihrer Aufsicht und Kontrolle Dritten anvertrauen?

Das erstere System kann zu ernstlichen Übelständen Anlaß geben, die aus der Notwendigkeit hervorgehen, alle vereinzelten Fäden des Betriebes in einer Zentralverwaltung zu vereinigen, während sie doch keine Verbindung untereianander haben, wesentlich verschiedener Natur sind, und je nach ihren lokalen Eigenheiten besonderen Bedürfnissen entsprechen.

Die Sicherheit und Schnelligkeit der im Interesse des neuen Betriebes zu fassenden Entscheidungen kann durch solche Zentralisation gefährdet werden.

Die Teilung des Betriebes hingegen macht die verschiedenen Ämter unabhängig, erweckt den Wetteifer und die Initiative des einzelnen und vereinigt alle lokalen Einflüsse in dem gleichen Bestreben, ein öffentliches Unternehmen von allgemeinem Interesse zu fördern. Dies sind sicherlich Vorteile von unverkennbarer Wichtigkeit.

Die Kammern scheinen übrigens diesem System der Dezentralisation den Vorzug gegeben zu haben.

Der Referent des Deputiertenausschusses für das Gesetz vom 26. Mai 1884 widmet „dem Betriebssystem der Vizinalbahnen" ein Kapitel.

Er hebt die Vorteile des Einzelbetriebes hervor und befürwortet Spezialtarife für jede Linie.

Er ist der Ansicht, daß „wenn es notwendig ist, der Gesellschaft die Fähigkeit und das Recht vorzubehalten, die Betriebe aller oder einzelner Zweigbahnen selbst zu leiten, dies aber nur als eine einfache Möglichkeit und nicht als eine absolute Verpflichtung betrachtet zu sehen"; und weiter fügt er, den gemeinsamen Betrieb tadelnd, hinzu: „dies wäre nicht allein schwierig selbst in den Fällen, wo der Betrieb mechanisch wie ein Uhrwerk organisiert werden könnte, sondern man muß auch auf die täglichen, selbst plötzlichen Bedürfnisse Rücksicht nehmen, die sich so verschieden als möglich zur gleichen Stunde, in demselben Augenblick an allen Punkten des Landes fühlbar machen werden. Wie soll man den gleichzeitigen Reklamationen hundert auseinanderliegender Betriebe antworten, wenn die ganze Leitung von demselben Mittelpunkt ausgeht?"

Mehrere Redner haben sich bei der Besprechung des Gesetzentwurfes im gleichen Sinne ausgesprochen, und es wurde ein Zusatz in Aussicht genommen, um das Prinzip der Verpachtung des Betriebes gutzuheißen.

Der Finanzminister Graux hat, ohne die Vorteile des Systems zu verkennen, und trotzdem er das Prinzip der Ausschreibungen für den Bau und so viel als möglich für den Betrieb anerkannte, sich geweigert, den Antrag anzunehmen, da er der Gesellschaft das Recht lassen wollte, je nach den Umständen und den Interessen denen zu dienen sie berufen sind, zu handeln.

Als eine gleiche Frage im Senat gestellt wurde, bestätigte der Finanzminister die Erklärung, die er in der Kammer abgegeben hatte.

Der Urheber des revidierten und erweiterten Gesetzes von 1885, Finanzminister Beernaert, war dem System der Dezentralisation entschieden günstig gesinnt.

Der erläuternde Rapport drückt sich hierüber folgendermaßen aus:

„Es scheint, daß der Betrieb der notwendigerweise voneinander unabhängigen und über alle Teile des Landes zerstreuten Linien nicht in den Händen einer Verwaltung vereinigt werden soll; nur ausnahmsweise könnte dies stattfinden, und es ist wünschenswert, daß das Gesetz in diesem Sinne abgefaßt werde."

Die Gesellschaft hat sich, den Gesichtspunkten des Gesetzgebers folgend, nach einer sehr eingehenden Prüfung der Frage zugunsten einer Verpachtung des Betriebes auf dem Wege öffentlicher Ausschreibung ausgesprochen.

Es schien ihr zweckmäßig, der Privatindustrie einen bedeutenden Anteil an dem Werke der Vizinalbahnen zu lassen. Wenn man zum Betrieb dieses neuen Bahnnetzes an den öffentlichen Wettbewerb appelliert, ermöglicht man die Bildung von Gesellschaften oder lokalen Verbänden, die derartige Unternehmen unter günstigen Bedingungen und mit einem Minimum von Kosten übernehmen können. Es ist dies sowohl eine Maßregel der Sparsamkeit als der Dezentralisation und gleichzeitig ein Mittel, den schärfsten Tadel abzuschwächen, der gegen das Gesetz, welches die Vizinalbahngesellschaft ins Leben rief, gerichtet worden ist: nämlich die Schöpfung eines Monopols, das alle Zweige des neu zu gründenden Unternehmens für seine Interessen nutzbar macht, und der Privattätigkeit und Initiative des einzelnen nichts mehr übrig läßt.

Die Entscheidung der Gesellschaft stützt sich auf die Erwägungen, die wir soeben zusammengefaßt haben, und die sich in dem ersten Bericht ihres Aufsichtsrates finden. Die Erfahrung der folgenden Jahre hat sie in dieser Ansicht nur bestärkt.

Ihre Maßnahmen wurde von den Nationalökonomen beifällig aufgenommen und einer von ihnen, dessen Ansicht wir schon zitiert haben, schrieb im Juni 1885: „Die Gesellschaft hat eine Entscheidung getroffen, die wir gern für unwiderruflich halten: sie hat auf den eigenen Betrieb verzichtet und entschieden, daß jede Vizinallinie, die einmal gebaut und mit Material versehen ist, einem lokalen Betriebsunternehmen abgetreten werden solle". [1]

Man begreift leicht, daß dieses so interessante Problem, das die verschiedensten nationalökonomischen, finanziellen und selbst sozialen Streitfragen berührt, oft ventiliert worden ist, und so auch auf den internationalen Eisenbahnkongressen (in Brüssel 1885, in Paris 1889, in London 1895) erörtert wurde.

Auf dem Kongreß in London war der Verfasser Berichterstatter dieser Frage und gab seiner Ansicht in der nachstehenden Weise Ausdruck.

„Welches System ist für eine Gesellschaft, die mit der Konzession einer gewissen Anzahl von Nebenbahnen in verschiedenen Teilen eines Landes betraut worden ist, vorzuziehen:

a) Ein geteilter Betrieb, der für jede Linie besonders durch öffentliche Ausschreibung oder direkten Vertrag der Privatindustrie übertragen wird.

b) Die Vereinheitlichung des Betriebes aller Linien durch die konzessionierte Gesellschaft selbst und die Organisation des Betriebsdienstes durch dieselbe?"

Diese Frage war bereits dem Brüsseler Kongreß im Jahre 1885 vorgelegt worden [2].

Zugunsten des Systems der getrennten Betriebsverwaltungen machte man in dieser Versammlung folgende Vorteile geltend:

Auf Linien, die örtlich getrennt sind und deren Bedürfnisse sehr verschiedenartig sind, darf man keine allgemeinen und ein-

---

[1] Moniteur des Intérêts matériels, Sonntagsnummer vom 14. Juni 1885.

[2] Siehe Generalbericht, Brüssel 1885, t. II, p. X, 16, 21, 37 bis 40, 71, 75, 76, 79, 81 bis 83, 101 bis 109.

heitlichen Verordnungen anwenden, sondern solche, die auf jeden einzelnen Fall passen.

Eine lokale Verwaltung, welche die besonderen Bedürfnisse der Bevölkerung genau kennt, ist eher imstande, der betreffenden Linie die ihr zukommende individuelle Betriebsart zu geben und kann unmittelbarer und mit besserer Sachkenntnis alle für die Entwicklung des Verkehrs nötigen Maßnahmen treffen.

Da außerdem ein lokaler Verband ein direkteres und lebhafteres Interesse daran hat, die Einnahmen zu steigern und die Bevölkerung, unter der er lebt, zufriedenzustellen, so ist es sicher, daß nicht nur die so wesentliche kommerzielle Seite des Unternehmens mit größerer Sorgfalt berücksichtigt wird, als durch eine große Verwaltung, welche den ganzen Dienst zentralisiert und das Unternehmen aus der Ferne leitet, sondern auch, daß alle mit einem guten Betrieb zu vereinbarenden Ersparnisse herausgefunden und ermöglicht werden.

Die Verpachtung läßt überdies der Privatindustrie einen Anteil an dem Werke der Kleinbahnen und wirkt auch beschränkend auf das einer einzigen Gesellschaft bewilligte Monopol.

Schließlich hat man gefunden, daß es für eine große Verwaltung von Nutzen sei, sich den tausend täglichen Einzelheiten im Betriebe von zerstreuten Linien zu entziehen und trotzdem die nötige Aufsicht zu behalten.

Es ist natürlich, daß Einwendungen in großer Zahl gemacht werden und die Verteidiger des Systems eines zentralisierten Betriebes verschiedene Gründe zu seinen Gunsten geltend machten, z. B.:

„Die Linien teilen heißt das Gegenteil von dem tun, was die Erfahrung bei anderen Gesellschaften gelehrt hat, welche die Linien zu vereinigen trachten, um die Betriebskosten durch Verringerung der allgemeinen Unkosten und jene der Reparaturwerkstätten zu verringern.

Der lokale Verband muß einen im technischen, administrativen und kommerziellen Teil des Unternehmens erfahrenen Beamten anstellen. Ein solcher Mann ist schwer zu finden und muß teuer bezahlt werden, was der so gerühmten Sparsamkeit des Systems Eintrag tut.

Sind die lokalen, politischen und sonstigen Einflüsse, welche bei dem System der Teilung der Linien eine Hauptrolle spielen, nicht ein schwerer Übelstand und setzen sie den Betriebsdienst nicht Verdachtsmomenten aus, besonders wenn in der Gegend industrielle Gegensätze bestehen?

Der direkte Betrieb durch eine und dieselbe Gesellschaft hat den Vorteil der Reduktion der General-Unkosten und der strafferen Organisation des technischen Dienstes, ohne deshalb den kommerziellen außer acht zu lassen, der sehr leicht organisiert werden kann, weil er die Hauptaufgabe des lokalen Leiters bildet.

Außerdem beweist die Erfahrung, daß viele Gesellschaften aus großer Entfernung und in den verschiedensten Ländern Betriebe mit Erfolg leiten."

Dies ist, in großen Zügen, eine kurze Übersicht der Debatte, die auf dem Brüsseler Kongreß stattfand: ein Beschluß ist nicht gefaßt worden mit Rücksicht darauf, daß die Verpachtung, nach dem Berichterstatter selbst, nur als ein Versuch dargestellt worden war, den es interessant wäre zu prüfen, der jedoch noch keine Proben bestanden hat und dessen Resultate man abwarten müßte.

Indes schien sich aus der Diskussion die fast allgemein übereinstimmende Ansicht zu ergeben: daß man zum mindesten dazu kommen müsse, eine gewisse Anzahl von Strecken zu vereinigen, und deren Betrieb in ein und dieselbe Hand zu legen, und nicht jede Linie zum Gegenstand eines gesonderten Betriebes mit eigener Verwaltung zu machen.

In diesem Stadium kam die Frage nun vor den Pariser Kongreß 1889, da in Mailand (1887) sie nicht diskutiert wurde.

Bedauerlicherweise hatte nur eine einzige Gesellschaft, die belgische Vizinalbahngesellschaft, die gestellten Fragen beantwortet und ihr Betriebssystem mit vielen Einzelheiten in einer dem Kongreß unterbreiteten Schrift auseinandergesetzt.

Es wäre sehr wünschenswert gewesen, wenn zur weiteren Aufklärung des Problems verschiedene in dieser Weise entwickelte Systeme zur Diskussion gelangt wären.

In Ermangelung anderer Erläuterungen erstreckte sich diese demnach ausschließlich auf das von der Vizinalbahngesellschaft eingeschlagene Verfahren.

Mehrere Mitglieder äußerten sich sehr reserviert über das System der Verpachtung der Strecken und gaben entweder dem Betrieb der Kleinbahnstrecken durch die Betriebsleiter der Hauptlinien oder dem direkten Betrieb durch ein und dieselbe Gesellschaft, wie dies besonders durch belgische, im Ausland Konzessionen besitzende Gesellschaften geschieht, den Vorzug.

Die Beweisführungen und die interessanten in der Sitzung erwähnten Tatsachen haben gezeigt, daß die Diskussion über das Prinzip der Verpachtung noch nicht erschöpft war; es wünschte auch die Mehrzahl der Mitglieder, daß die Frage weiter offen bleibe und in einer der nächsten Tagungen des Kongresses wieder aufgenommen würde.

Die Vizinalbahngesellschaft erklärte, daß sie den Versuch des von ihr in Belgien eingeführten Verpachtungssystems ihrer Linien fortgesetzt habe; die Resultate erschienen ihr zufriedenstellend und sie sei nach den Ergebnissen einer ziemlich langen Erfahrung, die sich jetzt schon auf eine große Zahl von Linien erstreckt, der Ansicht, daß ihr System mehr Vorteile als Nachteile bietet.

Sie hatte damals, (im Jahre 1889) 33 Linien mit einer Länge von ungefähr 700 km verpachtet, ohne eine einzige selbst zu betreiben, alle waren der Privatindustrie entweder auf dem Wege der öffentlichen Ausschreibung oder durch nach freiem Ermessen geschlossene Pachtverträge übergeben worden.

Die in Brüssel von vielen Mitgliedern des Kongresses empfohlene Gruppenbildung hat sich ganz von selbst entwickelt und die Gesellschaft, die alle ihre Vorzüge anerkennt, begünstigt sie soweit wie möglich. In mehreren Fällen hat sie sich sogar entschlossen, die öffentliche Ausschreibung aufzugeben und sich für den Betrieb neuer Linien direkt mit bestehenden Gesellschaften in Verbindung zu setzen, da diese bereits ihre Proben bestanden hatten und einen guten Betrieb gewährleisteten.

Es ist nicht zu leugnen, daß das System der Verpachtung gewisse Gefahren, besonders für die Zukunft, in sich schließt, man muß diese zu umgehen suchen, und erreicht dies durch große Vorsicht bei der Auswahl von nur erfahrenen und zuverlässigen Betriebsgesellschaften und durch die Anwendung einer sorgfältig ausgearbeiteten Betriebsmethode.

Der Pariser Kongreß hat, ohne sich im Prinzip über den Wert der Betriebsverpachtung auszusprechen, seine Ansicht über zwei wichtige Spezialpunkte geäußert, erstens über die Lieferung des rollenden Materials, und zweitens über das beste System eines zwischen dem Konzessionsinhaber und dem Betriebspächter der Linie abzuschließenden Vertrages.

Man war der Ansicht, daß die Erfahrung es noch nicht gestattete, über diesen letzten Punkt endgültig zu entscheiden.

Dies war gerade die Frage, die auf dem Londoner Kongreß 1895 in dem dieser Versammlung vorgelegten Bericht und in den eingehenden Debatten, zu denen dieser Bericht die Veranlassung bot, erörtert wurde [1]).

Ein guter Betriebsvertrag ist nicht leicht aufzusetzen, und seitdem die Gesellschaft allgemein das System der Verpachtung ihrer Linien durchführt, hat die Erfahrung sie gelehrt, ihre Kontrakte wiederholt zu verändern und zu verbessern.

Folgende Hauptpunkte bilden gegenwärtig die Basis für derartige Verträge:

I. Kontraktsdauer. Dreißig Jahre mit der Berechtigung einer Auflösung nach dem fünfzehnten Jahre.

II. Betriebsmaterial. Die Gesellschaft liefert im allgemeinen das rollende Material und vergrößert es je nach den genau festgestellten Bedürfnissen des Verkehrs und nach bestimmten Grundsätzen.

III. Kautionen und Garantien. Um die gute Ausführung der zahlreichen und wichtigen, aus dem Unternehmen resultierenden Verpflichtungen zu gewährleisten, namentlich was die Unterhaltung, Ausbesserung und Erneuerung des Schienenweges und seines Zubehörs, des rollenden Materials usw. betrifft, verlangt die Gesellschaft die Hinterlegung einer Kaution.

Der Pächter hat auch für etwaigen Brandschaden an Material und Gebäuden, die im Namen und zugunsten der Gesellschaft versichert sind, aufzukommen.

Die Einhaltung dieser hauptsächlichsten Vertragspunkte wird natürlich sehr genau kontrolliert.

IV. Anzahl der Züge. Die geringste Anzahl derselben ist durch den Vertrag festgesetzt.

V. Tarife. Sie sind durch das Lastenheft der Konzession festgelegt, die Gesellschaft kann sie jedoch mit Ermächtigung der Regierung ändern.

VI. Bahnhöfe und Haltestellen. Anschlüsse. Alle diese

---

[1]) S. Generalbericht London 1895, t. 3, p. XVIII, I bis 146.

Fragen sind ausschließlich dem Urteil der Gesellschaft unterworfen, die je nach Bedarf den Platz und die Anlage von Bahnhöfen und Haltestellen bestimmt und verändert, über die privaten Schienenanschlüsse entscheidet usw.

VII. **Entschädigung des Pächters.** Sie basiert auf einer Teilung der Bruttoeinnahme.

Wenig Fragen sind mehr erörtert worden, als die Methode dieser Anteils-Quote. Wir wollen uns nicht in die Prüfung der zahlreichen vorgeschlagenen und angewendeten Lösungen vertiefen; der Gegenstand ist etwas trocken und würde uns zu weit führen [1]).

Hier nur so viel, daß die Gesellschaft heute im allgemeinen nur noch zwei Methoden anwendet:

a) Überlassung eines Prozentsatzes der Bruttoeinnahme an den Betriebspächter.

b) Bezahlung einer fixen Summe und der Hälfte der Bruttoeinnahmen.

Bei den Ausschreibungen erstreckt sich die Bewerbung entweder auf den Prozentsatz (a) oder die feste Summe (b).

Man wählt die erste oder die zweite Methode, je nachdem es sich um eine Linie handelt, deren mutmaßlicher Ertrag beträchtlich oder nur mittelmäßig ist.

Begreiflicherweise ist die Erfüllung dieser Kontrakte delikater Natur und kann gewisse Schwierigkeiten und Streitfragen hervorrufen. Die Gesellschaft macht es sich jedoch so weit sie irgend kann zum Grundsatz, diese Unternehmungen nur Gesellschaften und Verbänden anzuvertrauen, die sowohl erfahren als auch zahlungsfähig sind, und die sie sich nicht zu Feinden, sondern zu Bundesgenossen machen kann, da beide beteiligten Parteien an der ständigen Vermehrung der Einnahmen und dem ordnungsmäßigen Gange des Betriebes in gleicher Weise interessiert sind.

Wie schon gesagt, hat die Gesellschaft in den weitaus meisten Fällen ihre Linien verpachtet. Aus besonderen Gründen leitet sie lediglich zwei selbst, und auch diese nur zeitweilig.

Die Vereinigung zu Verbänden, deren Existenz wir schon erwähnten, hat sich von selbst in gewünschter Weise gebildet und

---

[1]) Siehe: Generalrapport Paris 1889, Bd. III, p. XXVII, 1 bis 16 und London 1895, Bd. III, p. XVIII, 1 bis 19, 66 bis 73 und 85.

weiter entwickelt, so wie es in den verschiedenen Kongressen vorausgesagt wurde.

Die gegenwärtige Situation ist die folgende:

37 Gesellschaften betreiben die 138 Linien der Vizinalbahngesellschaft, indem sie eine, zwei oder sogar bis zu elf Linien gepachtet haben.

Bei diesen Betriebsgesellschaften müssen wir auf eine sehr interessante Eigenart hinweisen: nämlich den Verband von Gemeinden.

Die am Kapital einer Linie beteiligten Kommunalverwaltungen schließen sich zusammen, um eine Gesellschaft zu bilden, die sich um den Betrieb der Linie bewirbt. Schon im Jahre 1889 kam eine solche Vereinigung zustande, um die Vizinalbahn von Thielt nach Hooglede zu pachten, und sie wurde von der Vizinalbahngesellschaft genehmigt. Etwas später entstand ein zweiter Gemeindeverband, diesmal unter Mitwirkung von Privatleuten, um die Linien des „Centre" zu betreiben.

Was soll man von diesem in seiner Eigenart einzig dastehenden Organismus und von einer so bedeutenden Ausdehnung der kommunalen Tätigkeit denken?

Sicherlich kann man vom allgemeinen nationalökonomischen und politischen Gesichtspunkt aus über diese Prinzipienfrage mancherlei Erwägungen für und wider diese Neuerung anführen, was auch nicht versäumt wurde; wenn man jedoch nur das Interesse der Vizinallinien ins Auge faßt, die Vorzüge und Nachteile abwägt, die eine Vereinigung von Gemeinden als Betriebsleitung aufweisen kann, so können wir nur die günstige Meinung aufrecht erhalten, die wir 1895 in unserem Bericht auf dem Londoner Kongreß äußerten.

Wir haben außer der Prüfung der Garantien eines Betriebspächters — fachmännische Erfahrung, Ehrenhaftigkeit, Zahlungsfähigkeit usw. — bei den Ausschreibungen eine gute Wahl unter den Bewerbern zu treffen, da die Geldfrage nicht alles, ja nicht einmal die Hauptsache bei solchen Unternehmungen ist, und fügten wörtlich hinzu:

„Wenn der Unternehmer nicht einzig und allein durch spekulative Erwägungen und die Aussicht auf die zu erwartende Tantieme geleitet wird, sondern sein Hauptaugenmerk darauf richtet, der Linie ihre größtmöglichste Nützlichkeit und dadurch auch die größten Bruttoeinnahmen abzugewinnen; wenn ihm nicht nur das Gedeihen des Unternehmens, sondern auch die Wünsche der Bevölkerung am Herzen liegen, dann ist nicht mehr zu befürchten, daß sein verhältnismäßig geringes Interesse am Wachsen seiner Einnahmen ihn davon abhalten wird, die im Betriebe nötigen Verbesserungen einzuführen wie: zahlreichere Züge, dem Bedürfnis der Gemeinden besser angepaßte Fahrpläne, Einrichtung von Supplement- und Extrazügen an gewissen Tagen und unter gewissen Umständen, Heizung der Wagen usw.

„Und hier tritt die Lokalvereinigung und sogar „der Bürgermeister als Betriebsleiter" in die Erscheinung. Einzelne Mitglieder des Kongresses in Paris haben darüber gelächelt, unseres Erachtens zu Unrecht, da genügende Erfahrungen noch nicht vorlagen; unter verständiger Ober-Leitung und der Hilfe eines erfahrenen technischen Direktors muß auch eine solche Vereinigung zu guten Resultaten gelangen.

„Die Vizinalbahngesellschaft hat einen sicherlich sehr interessanten Versuch damit gemacht, der es wohl verdient, noch weiterhin geprüft und genau verfolgt zu werden.

„Es haben sich in der Tat für mehrere Linien aus den von denselben berührten Gemeinden Gesellschaften zum Betriebe gebildet, nachdem sie schon die Hälfte des Anlagekapitals der Strecke gezeichnet hatten. Sie sind also zugleich Eigentümer und Pächter, und aus diesem doppelten Grunde doppelt an der Erhöhung der Einnahmen, der guten Instandhaltung des Materials und des Bahnkörpers interessiert. Da sie andererseits bei diesem Unternehmen lediglich durch das Allgemein-Interesse geleitet werden, so begreift man, daß sie, sobald die Betriebskosten gedeckt sind, keine andere Sorge mehr haben werden, als den Verkehr, selbst um den Preis eventueller Opfer, zu verbessern, die Brutto-Einnahmen zu vermehren, mit einem Wort, der Linie ihre größtmöglichste Nutzleistung abzugewinnen".

Die Erfahrung breitete sich immer mehr aus und die Gesellschaft hatte es nicht zu bereuen, sie ermutigt zu haben.

Indessen stiegen Zweifel auf, die eine Zeitlang die Entwicklung der kommunalen Betriebsgesellschaften der Vizinalbahnen hinderten.

Man fragte sich, ob diese Gesellschaften gesetzlich bestehen durften, ob das Gesetz den Gemeinden gestattet, sich zusammenzuschließen, um Operationen auszuführen, die direkt nichts mit ihren Befugnissen zu tun hatten, wie sie das Kommunalgesetz, das diese juristischen Personen geschaffen hat, definierte und begrenzte.

Wir würden vollständig über den Rahmen unserer Darstellung und unserer Kompetenz hinausgehen, wollten wir die zahlreichen Argumente für und wider diese Streitfrage prüfen.

Wir wollen nur erwähnen, daß das auf Initiative des Parlaments geschaffene Gesetz vom 1. Juli 1899 diese Frage aus der Welt schaffte. Es ermächtigt ausdrücklich die an einer Linie beteiligten Gemeinden, eventuell mit der Provinz und Privatleuten zusammen eine Gesellschaft zu bilden, um den Betrieb einer Vizinalbahn zu übernehmen.

Die Frage ist also gesetzlich entschieden, und das System hat seitdem bei einer ziemlich großen Anzahl neuer Linien seine Anwendung gefunden.

Gegenwärtig gibt es 13 Vizinallinien, deren Betrieb durch Gesellschaften geführt wird, in denen sich Gemeinde- und mehrfach auch Provinzialverwaltungen befinden. Weitere ähnliche Vereinigungen sind im Entstehen begriffen.

Die Vizinalbahngesellschaft hat bestimmt, daß sie da, wo Anerbieten solcher Gesellschaften vorliegen, auf eine öffentliche oder beschränkte Ausschreibung verzichte und direkt abschließe, sobald ein annehmbares Abkommen über Bedingungen und Betriebsmethode erzielt werden kann.

IX. Schlußfolgerungen.

Es wäre noch vieles über die ganz eigenartige Organisation der belgischen Vizinalbahnen zu sagen, die in keinem anderen Lande ihresgleichen hat, und namentlich über den Einfluß, den die Schaffung dieses Sekundärnetzes auf den öffentlichen Wohlstand, den Verkehr der Hauptlinien usw. ausgeübt hat.

Wir wollen indes diesen bereits zu langen Aufsatz nicht noch weiter ausdehnen und die Geduld des Lesers nicht mißbrauchen.

Nachdem wir die Hauptprinzipien des im Jahre 1885 geschaffenen Systems auseinandergesetzt haben, nachdem wir den ursprünglichen Gedanken, die fruchtbare Idee der Herren Bischoffsheim und Wellens, nämlich die Verbindung der drei großen Zweige, Staat, Provinz und Gemeinde, analysierten, nachdem wir die Kritik bekannt gegegben haben, welche die neue Einrichtung hervorrief, die Zweifel und entmutigenden Prophezeiungen, mit denen sie anfänglich hier und da empfangen wurde, haben wir die Frage gestellt: Wie lautet das Erfahrungsurteil? Hat das Gesetz den Erwartungen seiner Urheber entsprochen, oder hat es die Kritik seiner Gegner gerechtfertigt und ist ein toter Buchstabe oder ist es ein bloßes Aushängeschild geblieben, wie man es vorhergesagt hatte?

Gegenüber den im vorhergehenden Kapitel angeführten Ziffern und Resultaten ist, wie wir glauben, die Antwort nicht zweifelhaft.

In 23 Jahren sind 3200 km Sekundärbahnen gebaut und dem Verkehr übergeben worden, die das ganze Land durchziehen, bis in seine entferntesten und verlassensten Winkel vordringen — und das Werk ist noch lange nicht vollendet. Tausende von weiteren Kilometern sind entweder bereits konzessioniert oder im Projektstadium. Gegenwärtig baut man durchschnittlich ungefähr 250 km jährlich, und nichts deutet auf ein Nachlassen dieses wirklich mächtigen Aufschwunges hin.

Die Zahlen sprechen für sich selbst und der Eifer der Kommunalverwaltungen, womit sie die Gründung neuer Linien anstreben, sobald sie solche in ihrer Nachbarschaft haben einrichten sehen, zeigt hinreichend, wie hoch sie die Vorteile derselben schätzen.

In keinem anderen Lande der Welt weist das Netz der Kleinbahnen eine Entwicklung auf, die mit derjenigen in Belgien zu vergleichen wäre. Angespornt durch dieses Beispiel, das unserm Lande zur Ehre gereicht, hat das Ausland uns zu wiederholten Malen Kommissionen geschickt, die beauftragt waren, die Einrichtung und die Wirkungsweise der Vizinalbahngesellschaft zu studieren. Auch die Eisenbahn-Fachleute hat diese Frage beschäftigt, die sie auf die Tagesordnung ihres Kongresses brachten: Welches sind die Mittel, die Errichtung von Kleinbahnen zu fördern?

Man hat diese Frage auf dem Pariser Kongreß von 1900 lange erörtert, und Schlußfolgerungen gezogen, welche zwei Punkte betreffen:

a) Verringerung der Kosten;

b) Finanzielle Beihilfe durch den Staat, die beteiligten Verwaltungen, d. h. Provinzen, Kreise, Gemeinden und die bereits bestehenden Eisenbahnen.

Das sind also die beiden Mittel, die empfohlen werden, um die Gründung von Sekundärbahnen zu fördern.

Über das erste wollen wir nichts sagen; es wird allgemein anerkannt. Das zweite ist jedenfalls durch die dem Kongreß gegebenen Auseinandersetzungen über den Betrieb in Belgien hervorgerufen worden; es ist in der Tat nach unserer Ansicht das wirksamste, vielleicht das einzige Mittel. Unser Land hat mit Entschiedenheit den Weg betreten, auf dem andere Nationen noch zögern, oder nur schüchterne Versuche gemacht haben; es hat verstanden, die drei Verwaltungen Staat, Provinz und Gemeinde zu dem gleichen Streben zu vereinigen, und daher ist es ihm nach unserer festen Überzeugung gelungen, ein wichtiges Werk von allgemeinem Nutzen zu schaffen, das schon bedeutend ist, aber dazu berufen scheint, sich noch weiter zu entwickeln, zu vervollkommnen, und unserer Bevölkerung immer größere Dienste zu leisten.

Anhang.

Es ist von Interesse, diese Studie durch die statistischen Angaben bis Ende 1910 zu vervollständigen.

Die Situation der Konzessionen und der neuen Projekte stellt sich gegenwärtig wie folgt:

I. 170 konzessionierte Linien, Länge . . . . 4482,20 km
34 Linien mit nachgesuchter Konzession, Länge 391,20 „
II. Begutachtung erhalten:
   a) Definitiv mit Anteil des Staates:
      41 Linien, Länge . . . . 725,10 „
   b) provisorisch, 52 Linien, Länge . . . . 700,80 „
      Sie ist nachgesucht für 9 Linien, Länge 50,10 „
                             Summa 6349,40 km

Die für die Linien der ersten beiden Kategorien (bewilligte und nachgesuchte Konzessionen) aufgebrachten Kapitalien stellen eine Summe von 302 790 000 Franken vor.

In Betrieb befinden sich 149 Linien, mit einer Länge von
3 736 51 km, von denen
 3 440 61 km Dampfbetrieb haben,
   5 km Pferdebetrieb,
 290 90 km elektrischen oder damit kombinierten Dampfbetrieb.

Im Jahre 1910 betrug die gesamte Brutto-Einnahme
22 756 721 38 Franken und wurden 80 Millionen Reisende und
650 000 Güterwagen zu 10 Tonnen befördert.

Unter den seit mehr als einem Jahre in vollem Betrieb
stehenden Linien geben 50 eine über die Jahresrente hinausgehende
Dividende; die Aktionäre erhalten also eine Super-Dividende
und zwar 13 eine solche von mehr als 3%; 17 von mehr als 2,50%
und 17 von mehr als 2%.

Für die seit mehr als einem Jahre in Betrieb befindlichen
Linien betrug der mittlere Satz der Dividenden für das Betriebsjahr 1910:

Aktionäre	Gezeichnetes Kapital	Satz der verteilten Div.
Belgischer Staat	82 581 000	2 7119
Provinz Antwerpen ...	7 392 000	3 4925
„ Brabant	9 220 000	3 0713
„ Westflandern ..	7 409 000	3 0020
„ Ostflandern ...	4 059 000	2 1916
„ Hennegau ...	8 194 000	2 7299
„ Lüttich	8 288 800	3 3283
„ Limburg	3 764 000	2 9285
Luxemburg	4 935 000	1 6972
Namür	5 438 000	2 5173
Gemeinden	62 867 000	3 0364
Private	3 679 000	4 2232
Summa	207 820 000	2 8807 mittl. Satz

Während der letzten 10 Jahre stellt sich dieser mittlere Satz
wie folgt
 Im Jahre 1901 .... 3,41 %
  „ „ 1902 .... 3,25 „
  „ „ 1903 .... 3,27 „
  „ „ 1904 .... 3,21 „

Im Jahre 1905 . . . . 3,19 %
,,   ,,   1906 . . . . 3,16 ,,
,,   ,,   1907 . . . . 3,07 ,,
,,   ,,   1908 . . . . 3,01 ,,
,,   ,,   1909 . . . . 2,80 ,,
,,   ,,   1910 . . . . 2,88 ,,

Die Abnahme der mittleren Dividende resultiert aus der großen Zahl von neuen Linien, die bei der Feststellung des mittleren Satzes in Betracht kommen, und deren Ertrag im allgemeinen geringer ist.

Das Personal der Vizinalgesellschaft besteht aus 588 Beamten, abgesehen von den Nivellierlatten- und -Kettenträgern, die zeitweilig auf Tagelohn angenommen werden, und denjenigen Beamten, welche zum Dienst der Linien gehören, jedoch von den Betriebsgesellschaften angestellt sind.

4*

Additional material from *Die belgischen Vizinalbahnen,*
ISBN 978-3-662-40948-0, is available at http//extras.springer.com

MIX
Papier aus verantwortungsvollen Quellen
Paper from responsible sources
FSC® C105338

If you have any concerns about our products,
you can contact us on
ProductSafety@springernature.com

In case Publisher is established outside the EU,
the EU authorized representative is:
**Springer Nature Customer Service Center GmbH
Europaplatz 3, 69115 Heidelberg, Germany**

Printed by Libri Plureos GmbH
in Hamburg, Germany